面向需求变更的软件过程改进

张　璇　著

北　京

内 容 简 介

在软件过程中，不同的实体，例如，需求、组件、体系结构、文档、产品和人等，都是相互依赖而存在的，其中任意实体发生变化，都可能导致其他相关实体的变化。各个实体之间的紧密联系导致变更成为软件过程风险的一个重要原因。因此，主动预测软件需求变更并积极开展软件过程改进，是保持和提升软件整体质量的有效方法。首先，系统地论述了软件需求变更与软件过程的相关研究与实践背景，分析了需求变更与软件过程的关系。然后，对软件需求变更及变更间关联关系进行了分析，为软件开发和维护过程中利益相关者做出有效管理决策提供了有价值的信息。最后，使用系统动力学方法对软件需求变更管理过程进行了仿真建模，并根据模型运行的仿真结果来分析软件过程改进效果。

本书可供从事软件工程和计算机研究与实践的工程技术人员参考，也可作为高等院校软件工程相关专业高年级本科生和研究生的参考书。

图书在版编目（CIP）数据

面向需求变更的软件过程改进/张璇著. —北京：科学出版社，2020.6
ISBN 978-7-03-064935-5

Ⅰ.①面… Ⅱ.①张… Ⅲ.①软件工程 Ⅳ.①TP311.5

中国版本图书馆 CIP 数据核字（2020）第 068147 号

责任编辑：王 哲 / 责任校对：王萌萌
责任印制：吴兆东 / 封面设计：迷底书装

科 学 出 版 社 出版
北京东黄城根北街 16 号
邮政编码：100717
http://www.sciencep.com

北京虎彩文化传播有限公司 印刷
科学出版社发行 各地新华书店经销

*

2020 年 6 月第 一 版 开本：720×1000 1/16
2020 年 6 月第一次印刷 印张：12 1/2
字数：260 000

定价：119.00 元
（如有印装质量问题，我社负责调换）

前　言

软件需求变更可能发生在软件生命周期过程中的任意阶段，变更不仅不可避免，甚至是需要的，软件工程面临着快速变化带来的强有力挑战，当软件组织和软件项目处于这样一种动态的环境中时，软件需求变更不可能在软件开发初期就完全确定，变更处于运动中，随着时间、空间的改变，变更不断发生、不断改变。在大量的软件项目实证研究中，这样频繁而无规律可循的变更给软件项目带来了巨大的风险，甚至影响到了软件项目的成败。即便是支持需求变更的敏捷方法，在其需求工程实践过程中也面临着因需求变更而引发的挑战。当然，需求变更的根本问题不是变更本身，正如前面所述，变更是需要的，问题是目前还没有非常有效的方法管理变更。因此，本书面向软件需求变更，对相关研究工作进展进行总结分析，通过需求变更分析、变更影响分析，提出面向需求变更的软件过程改进方法。

全书共 5 章。第 1 章介绍软件需求变更及其与软件过程的关系。面向软件需求变更，主要介绍其概念、成因，不同需求类型的变更情况及管理方法；在此基础上，介绍软件需求变更与软件过程的交互关系，既包括基于过程改进提出的变更管理思想，也包括需求变更对软件过程的影响。第 2 章使用文献综述方法，对软件需求变更影响软件过程的相关文献进行总结和分析，发现基于需求变更实施软件过程改进尚无系统、有效而成熟的方法论，因此，相关工作具有实际研究价值。第 3 章对软件需求变更进行分析，利用许多软件组织在执行软件维护工作时常使用的 issue 跟踪系统，来研究软件需求变更以及变更之间的交互关系，通过研究软件需求变更本身以及变更之间的影响关系提出变更管理方法。第 4 章基于技术债务概念提出软件需求变更影响分析方法，通过定义和量化需求变更技术债务，对需求变更的优先级进行排序，以帮助软件项目组在变更管理中做出更明智的决策。第 5 章使用系统动力学方法，面向需求变更提出仿真软件过程的方法，模拟现实中的软件过程改进措施，提出面向需求变更的软件过程改进推荐。

作者多年来一直从事软件过程和需求工程相关研究工作，较为系统地了解和掌握当前国内外相关领域研究的主要方向和重要研究进展，并积累了多年的研究与实践工作成果，为本书的撰写奠定了较为坚实的基础。另外，感谢硕士毕业生熊文军、丁浩、康燕妮和张云洁热情地参与研究，感谢他们分别在软件需求变更分析、需求变更技术债务分析、需求变更管理系统动力学建模方向取得的非常有价值的研究成果，支持了本书的形成。

本书的研究得到了国家自然科学基金项目"需求变更驱动的软件过程改进研究"

（61502413）、"数据驱动的软件非功能需求知识获取与服务研究"（61862063）、国家自然科学基金地区基金项目"支持演化的可信软件过程研究"（61262025）和云南省科技计划面上项目"需求变更驱动的软件过程改进研究"（2016FB106）的支持。在此，作者谨向这些单位致以衷心的感谢！

　　最后，需要说明的是，本书研究面向需求变更的软件过程改进，涉及面广，存在学科交叉，且仍然处于发展中，因此，有很多相关问题仍有待深入研究，相关支持实践的技术还需要进一步探索。本书内容经过作者的再三斟酌，但难免存在疏漏或不妥之处，恳请各位读者给予批评指正。

张　璇

2020 年 2 月 15 日

目　　录

第1章 软件需求变更与软件过程

软件工程的目标是在给定成本和时间的前提下，开发出满足用户需求的软件产品，并追求提高软件产品的质量和开发效率，减少维护的困难。软件过程是保证软件工程质量的基本途径。然而，随着计算技术的发展，软件开发方法不断演变，从最初面向具体问题、支撑个体软件开发者的集中式开发方法，经过面向群体问题、支撑群体开发者的构件开发与系统组装式开发方法，到现在面向服务、支撑大量软件最终使用者(含开发者)的服务发布、查询、使用三阶段松耦合式开发方法(吕建等，2006)，软件开发及演化进入了一个动态多变、控制难度不断增大的环境之中。

Boehm(2008)指出21世纪软件工程将面临快速变化带来的强有力挑战。当软件组织和软件项目处于这样一种动态的环境中时，软件过程通常难以按照预定义的模型来执行，即使通过高层管理者强制推广软件过程模型，由于缺乏有效的手段，如灵活的裁剪和控制分析、问题反馈分析机制等，在动态环境下，不能及时调整和改进过程，必然会使软件过程烦琐且僵化，无法适应软件企业所面临的动态环境。执行这样的软件过程，要么付出很高的代价，要么开发人员绕开管理过程，使得管理与技术脱节。无论是哪种情况，实施效果都不尽如人意(武占春等，2006)。因过程实施效果不佳而形成的软件项目不成功经验将产生负面效应，从而降低软件企业实施过程的积极性。因此，要使所开发的软件在一种非确定的环境下能够应付自如，必须动态地对软件过程进行改进以符合企业及项目的实际情况。

在动态环境下，软件过程中不同的实体都面临着快速的变化，软件需求不间断快速演化、技术持续进步、人员能力不断提升、团队成员变动等，都给预定义不变的软件过程带来了冲击。其中，软件需求"易变性"特征尤为突出，针对Brooks(1987)的名言"软件开发没有银弹"，Berry(2008)提出：之所以不存在银弹，就是因为需求发生了变更，需求变更使软件开发人员面临着巨大的困境。因此，本章对软件需求变更以及需求变更对软件过程的影响进行初步介绍，详细分析及研究内容请见后续章节。

1.1 软件需求变更概述

软件需求是软件能否被用户接受的衡量基准，即当软件交付给用户使用时，用户判断软件是否满足其使用目标的唯一基准是软件的需求，与软件设计、实现所应用的技术无关(Holt et al., 2012)。软件工程的实践告诉我们，软件需求是不断变化的，而软件需求变更的原因来自多个方面且受到系统内部和外部的共同作用，有些变更可控制，但有些变更超出所能控制的范围。

需求变更的外部原因包括：首先，软件目标发生了变化。软件的开发是为了解决某个或某些问题，具有明确的目标，但如果要解决的问题发生了变化，目标也就随之调整。此变化的原因可能是社会经济情况发生了变化，也可能是政府规章制度发生了变化，还可能是市场情况和客户偏好发生了变化。其次，需求提供者的意图改变。关于待开发系统，需求提供者最初往往无法清晰、准确且完备地描述出需求意图，他们有可能在使用软件后才逐渐明确其需求，并且，不同需求提出者因其利益偏好，在提出需求时也存在着需求的冲突。另外，需求提供者随着知识和实践经验的增加或社会经济、政府规章制度变化或市场发展，也可能会不断调整观念和对软件的意图。再加上需求提供者的流动性，不同需求提供者自然会有不同的意图。再次，系统外部环境变化。不可控的外部环境发生变化对系统内的软件同时存在促进和抑制作用，即带来新机遇的同时也带来新的约束。新机遇促进软件得到不断的改进和提升，朝着更加符合市场及用户需要的方向发展，这是所有人都希望的，但同时也需要注意随之而来的新约束。最后，引入新系统或新软件。当前系统边界外可能出现新的系统或软件，虽然在系统边界之外，但新系统和软件必然会引起当前系统内部软件的需求变更，因为新系统或软件的引入引起了组织行为的变化，旧的工作方式必须改变，新需求不可避免出现或已定义需求不可避免要变化。

当然，除了上述外部原因外，还有很多变更源自系统内部的项目团队并贯穿于软件生命周期过程中。例如，在软件可行性和需求分析阶段，项目团队没有通过正确的需求提供者获取需求，对业务分析不到位导致过于高估或低估软件可行性，在分析不充分的情况下选择了错误的非开发项。在设计阶段，选择了不合适的设计架构或设计模式，产生潜在的重构风险。在代码编写阶段，编写了不安全的代码导致系统存在被入侵的入口。在软件发布阶段，缺少或没有提供充分的软件使用指导或用户培训。另外，项目团队在软件过程中，对软件的理解与认知也是在不断加强的，随着团队成员不断熟悉软件，自然也会提出必要的需求变更。

需求变更虽然具有意外特性，但也具备必然特性，冻结需求变更是不合理的，也是不科学的。在软件过程中，有些需求是必须变更的，避免这类变更的发生可能会丧失变更带来的创新能力。另外，不允许改变，积压需求变更，最终将形成系统崩溃的压力，导致软件过程回溯或项目返工，甚至造成项目失败。因此，面向软件需求变更，只能分析变更原因及类型，并提出一个合理的需求变更管理方法。表 1.1 给出了 Kavitha 和 Sheshasaayee（2012）定义的 10 类需求类型以及对应的变更情况描述。

表 1.1　软件需求类型及对应变更

需求类型	变更
计算类	等式中变更运算数，变更使用的括号，错误/不完全正确的等式，四舍五入/截取错误
逻辑类	逻辑表达式中的变更运算数，逻辑顺序变更，变更变量，忽略逻辑或条件测试，变更循环迭代的次数
输入类	变更格式，从错误位置读取数据，错误读取文件
数据处理类	数据文件不可用，数据关联超出系统边界，数据初始化，索引和标签变量设置变更，数据定义/范围变更，数据下标变更
输出类	数据写入不同的位置，变更格式，输出不完整或丢失，输出混乱或有歧义
接口类	变更软件与硬件的接口、软件与用户的接口、软件与数据库的接口或软件间的接口
操作类	软件改变，配置控制变更
性能类	超出时间约束，超出存储约束，低效的代码和设计，网络工作效率
规约类	系统接口规约变更/不完整，功能规约变更/不完整，用户手册/培训不充分
改进类	改进现有功能，改进接口

　　面对如此复杂多样的需求类型和相应的变更情况，我们使用软件需求管理对软件需求的变更和需求变更将带来的影响进行管理。软件需求管理有广义的需求管理和狭义的需求管理之分(金芝等，2008)。

　　(1)由于需求在软件过程的任何阶段都有可能发生变更，因此，广义需求管理跨越软件系统的整个生命周期的所有活动，管理发生在开发过程、实现过程，甚至是实施部署过程的变更需求。

　　(2)狭义需求管理是软件需求工程过程中的需求变更管理，且主要以维护软件需求文档的一致性、完整性和正确性为目标。

　　目前还没有统一规范的方法和技术来系统地管理需求变更，Leffingwell 和 Widrig(2004)给出了如下由五个阶段构成的变更管理过程(金芝等，2008)。

　　阶段一：认识到特定需求的改变是不可避免的，并为这个改变制定计划。至于变更是否合理，只能首先承认任何来自需求相关者的现实和潜在需要都是合理的，除非有明确和充分的否定理由。

　　阶段二：为需求文档制定基线。需求文档在生成后必然经历迭代修改的过程，在此过程中必须建立基线，即利用版本控制手段管理需求文档的发布及需求文档中需求条款的增加、删除或更新等。建立需求文档的基线，有利于识别和管理新需求，找到新需求的合理位置以及可能引起冲突的地方，帮助需求工程师判断是否接受变更。从而保证变更管理以一种有序、有效和及时响应的方式进行。

　　阶段三：建立单一的通道和相同的影响分析方法控制需求变更。在任何情况下，所有软件需求变更都需要等待这个变更被单一通道和相同影响分析的管理机制确认后才进入变更执行阶段。

　　阶段四：使用变更控制工具管理变更。上一阶段提出的单一通道和相同影响分析方法在使用变更控制工具时，将能更好地支持变更管理，对于识别、评估和决定最终采纳的变更，是一种有效的途径。基本的变更控制工具的功能包括：通过统一的通道接收变更请求，评估变更对软件开发开销和软件功能的影响；分析变更对利益相关者的影响；分析变更对软件稳定性等质量因素的影响；决策是否采纳变更请求并对采纳的变更请求进行分类保存。由于变更管理涉及需要跟踪大量跨越较长时间段的相互关联的信息，没有工具的支持，变更管理可能很难成功。

阶段五：采用分层的思想管理变更。需求变更往往会引起连锁影响，基本不存在独立无依赖关系的变更，因此，分层管理需求变更是对每一个变更请求分析其对上一层需求的影响，并应用此连锁关系进行影响的分析和评估，直至所有的变更都考虑到。

实际项目实施过程中，参照上述过程，通常通过定义变更管理策略的方法来处理变更请求，或者提供一定的技术手段帮助需求工程师实施变更管理。

此外，需求变更通常不是独立存在的，往往会与变更来源，与其他变更，甚至设计、实现、测试、发布、维护之间存在着固有的交互关系，分析这些交互关系、记录需求变更追踪信息，对变更管理至关重要。按照交互关系的方向，可以将需求变更交互关系追踪方向分为两类，一类是向前追踪，即追踪需求变更与变更来源之间的关系；另一类是向后追踪，即追踪需求变更与其他需求、设计、实现、测试、发布和维护之间的关系。

追踪需求变更，首先需要分析需求的可追踪性，表 1.2 给出了 Kotonya 和 Sheshasaayee(1998)总结的需求可追踪性。

表 1.2　可追踪依赖关系

可追踪类型	描述
需求-源可追踪性	把需求和需求提供者或者文档链接起来，记录需求源
需求-理由可追踪性	把需求和需求提出理由链接起来，记录需求理由
需求-需求可追踪性	把需求和与之存在依赖关系的其他需求链接起来，记录需求之间的依赖关系
需求-体系结构可追踪性	把需求和实现该需求的子系统链接起来，这对于子系统由不同开发小组开发来说很重要
需求-设计可追踪性	把需求和实现该需求的设计类/包/构件链接起来，对于关键系统来说，维护这类追踪关系特别重要
需求-接口可追踪性	把需求和用于提供该需求的外部系统接口链接起来，这对于维护系统整体稳定性很重要

目前，基本的三种追踪技术是可追踪性表、可追踪性列表和自动化可追踪性链接。

(1)可追踪性表是一个项目元素前后参照的矩阵,表中每一个单元条目表示在行和列之间的某种可追踪性链接。

(2)可追踪性列表是可追踪性表的简化形式,对每一个需求都建立一个与之存在追踪关系的项目元素列表。

(3)自动化可追踪性链接是设计数据库来包含可追踪性信息,每一个可追踪性链接在数据库记录中是一个字段,这样可以管理大量需求之间的依赖关系,并方便利用数据库管理系统操作和维护这个需求依赖数据库,提供快速查询、提取依赖关系、自动生成可追踪性表和列表等功能。

　　总之，对需求变更进行有效预测、评估需求文档质量以及需求变更之间的依赖关系和影响分析，可以为软件开发、软件维护过程中的利益相关者做出决策提供有价值的信息。在这些方面已有一些相关研究成果。Carlshamre 和 Regnell(2000)对两个不同企业的需求工程过程进行研究，发现虽然两个公司不同，但它们以市场为驱动的需求工程过程却是相似的，且都通过需求管理有效地改进了产品发布的精确度并且提高了产品的质量。面对需求变化难于控制的问题，王青和李明树(2003)提出了一种以统计过程控制原理对软件项目的需求变化进行统计控制，并对异常波动进行度量分析的软件需求度量方法。Madachy 等人(2007)基于价值框架构建系统动态模型来分析需求递增的混合过程，模拟变更响应、动态再评估和资源分配决策的情景。Sharafat 和 Tahvildari(2008)通过计算需求变更导致对象类变更的概率来评估并预测面向对象软件系统的变更状况。另外，需求间存在着促进关系或者矛盾关系，也有需求间没有必然的相关关系，这些依赖关系导致需求的变更会引发涟漪效应。Hassan 和 Holt(2004)研究软件开发中的变更传播过程，提出启发式规则，通过历史变更数据预测变更传播。Tsantalis 和 Chatzigeorgiou(2005)通过计算需求变更导致每个对象类可能被影响的概率，预测面向对象设计变更的可能性。王映辉等人(2006)基于需求信息传播与建模、需求变化信息传播路径和需求变化信息跟踪方法提出软件变化跟踪的整体过程框架，并用关系矩阵来记录用户功能需求变化传递中的信息，用矩阵运算实现变化信息的过程追踪。Malik 和 Hassan(2008)提出适应性的变更传播启发式规则以支持软件系统的演化。张莉等人(2010)将软件的变更需求看成一系列"原子变更需求"的叠加，把"原子变更需求"的响应过程抽象成初始变更节点的随机选择过程以及由此引起的涟漪效应，提出基于变更的传播模型和评价指标，并给出一种基于变更传播仿真的软件稳定性指标计算方法。Morkos 等人(2012)在两个大型工业设计项目中预测需求变更传播。基于此研究成果，Morkos 等人(2014)进一步开展相关研究，使用手动建立需求关系、通过语言解析需求关系和基于神经网络方法自动学习需求关系三种方法,对两个工业案例进行了需求变更预测的比较，通过案例分析，基于神经网络的方法和基于语言解析的方法都优于手工方式，且获得了几乎同等的分析结果，但基于神经网络的方法是完全自动化、更具研究潜力的方法。在产业界，IBM 提供需求管理工具 Rational RequisitePro 和 Rational DOORS(Hull et al., 2011)，Borland 提供 Caliber 等都支持半自动化的需求变更追踪及影响分析。另外，学术界及产业界从大量可获取的需求相关大数据中研究需求变更及变更传播，通过存储、处理并应用大数据分析获得了这些大数据中蕴含的宝贵价值(程学旗等，2014)。在利用群体智慧方面，彭蓉等人(2013)研究群体需求获取方法中的分布式群体需求获取，针对需求维基，基于"知行一致性"判定三角，提出从"设计预期"、"使用感知"和"用户行为表征"三方面进行一致性判定的协作效用评估方法，评估需求工程工具中协作功能的协作效用，并为工具的进一步演化提供客观依据。Carreño 和 Winbladh（2013）基于第三方移动应用的用户反馈数据进行主题建模，通过数据分析析取下一个版本的新需求和变更需求。

这些需求变更管理和需求演化分析等领域的研究都反映出需求变更对软件过程存在重要影响。

1.2　软件需求变更与软件过程

随着工业界和学术界对软件工程领域研究的不断深入，大量的研究实践表明软件过程是保证软件质量的关键因素。在软件过程中，不同的实体（如需求、组件、体系结构、文档、产品和人等）都是相互依赖而存在的，其中任意实体发生变化，都可能导致其他相关实体的变化，而由各个实体之间的紧密联系，导致变更成为软件过程风险的一个重要原因。如果忽视变更，将有可能导致项目计划无法执行、项目持续变化、项目延期、项目缺陷以及软件产品不能满足用户需求以及软件开发风险无法控制等问题。因此，主动预测软件需求变更并积极开展软件过程改进，是保持和提升软件整体质量的有效方法。

在动态环境下有效实施软件过程改进需要研究过程与变更之间的关系，首先，需要明确变更是不确定性或者缺乏对一系列可能性的完整认识，即变更不可能在软件开发初期就完全确定，变更处于运动中，随着时间、空间的改变，变更不断发生、不断改变。其次，找出过程变更因素，预测并分析变更影响，对过程改进实施持续推荐，不仅对软件开发和演化有促进作用，还可以提高软件项目的成功率和可预测性。

1.2.1　基于过程改进的变更管理

按照能力成熟度模型（Paulk et al.，1993）的思想，混乱无序的软件过程不能生产出高质量软件，软件过程越成熟则生产出软件的质量越高。借鉴此思想，Lam 和 Shankararaman（1998）提出基于过程改进的变更管理，期望通过过程改进提高变更管理能力，他们面向需求变更提出五项关键过程改进实践。

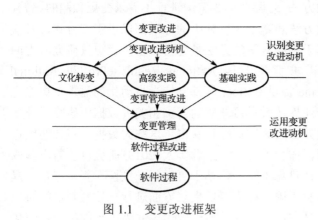

图 1.1　变更改进框架

（1）使用一个变更改进框架，如图 1.1 所示。

（2）借鉴组织机构变更过程

和软件变更过程，定义如图 1.2 所示的软件需求变更过程。

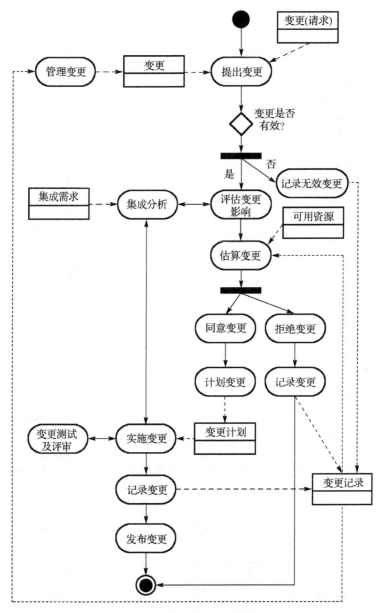

图 1.2 软件需求变更过程

(3)参照表 1.1 分类变更。

(4)估计包括时间和成本在内的变更工作量，如图 1.3 和图 1.4 所示。

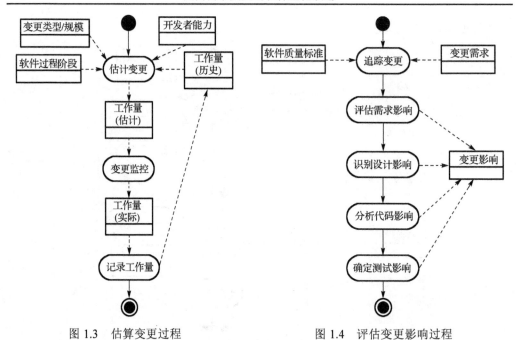

图 1.3　估算变更过程　　　　　　　图 1.4　评估变更影响过程

(5)定义指标,度量变更改进,表 1.3 给出了 Lam 和 Shankararaman 提出变更改进的五个度量指标。

表 1.3　变更度量指标

指标	含义
变更工作量	度量完成一个变更或一类特定变更需要付出的工作量。此指标用于变更评估,对于特定变更类型需要一定的历史数据量才能评估其工作量
易变性	度量在一个给定的报告周期内的变更量或者一类特定变更的数量。总体易变性指标反映了一个系统的成熟度和稳定性,在一个项目的初始阶段,整体易变性指标可能会比较高。一类特定类型变更的易变性高反映了项目存在潜在问题的位置(例如,高数据变更率或许是数据库设计不成熟的问题),也可以将特定类型定义为变更出现的阶段(例如,需求变更、设计变更、测试变更、第一次发布版本内的变更等)
变更完整性	度量一个变更请求中包含的所有需求是否都被解决。此度量反映一个系统是否已经可以发布
变更错误率	度量在一个给定的报告周期内一个变更被重新处理(例如,这个变更引发了错误)的实例数量。此指标辅助判断改进过程的有效性,因为一个改变只应被处理一次
需求变更密度	度量一个特定需求的变更(增删改)数量。此指标反映一个系统的成熟度、稳定性和需求工程过程的有效性

上述研究从软件过程改进视角研究需求变更管理,然而,在大量软件工程项目中,软件需求变更也影响着软件过程。

1.2.2 软件需求变更对软件过程的影响

软件需求的变更影响着很多软件工程活动，包括软件架构设计、项目计划、软件维护、产品发布计划和变更影响分析等。Yau 和 Collofello(1980)最早针对软件稳定性对软件维护过程的影响问题进行研究，通过分析软件模块内部及模块间涟漪效应，提出当软件维护活动作用于软件模块时，根据涟漪效应度量软件稳定性及变更传播状况的方法。Stark 等人(1999)以 44 个软件项目为背景，提出了软件维护阶段需求变更影响的度量方法，他们首先通过对需求变更数据的统计分析区分需求变更的原因、频度和类型，然后基于回归分析模型分析需求变更对软件开发成本和进度的影响。王青和李明树(2003)基于 15 个项目的数据，分析出需求变化频率与软件过程稳定性之间的关系，并通过需求变更分布阶段找出具体相关软件过程的缺陷、进一步可采取的纠正预防措施，进行过程改进。Parnas 和 Clements 认为用户很少能够准确地知道他们的需求，也无法非常清晰地陈述他们所提出的需求；即便能够获得所有需求，可当对其进行实现时往往才能发现其中许多需求的细节问题；即便能够掌握所有细节问题，要应对其复杂性也是非常困难的；即便能够应对所有的复杂性，外部力量最终会不断迫使需求发生改变，而其中的很多改变都将推翻根据早期需求所制定的决策。所以，软件需求必然是在变化中，不能一蹴而就的，而软件开发则应该采用迭代且递增的软件过程(Larman & Basili, 2003)。Nurmuliani 等人(2006)提出基于证据的方法对需求易变性及其对软件开发过程的影响进行分析。陆汝钤和金芝(2008)提出要适应需求变更，不仅需要把用户吸引到软件开发过程中来，还要让用户自己定义、设计、开发、维护和修改他的软件，为实现这个目标，他们首先提出一种基于知识的软件开发方法，并进一步提出知件的概念，通过知件，将软件中的知识含量分离出来，支持用户的自主软件开发与维护。Ferreira 等人(2009)基于实证调研数据，使用分析建模和软件过程仿真手段分析出需求易变性对项目成本、进度和质量的影响关系。宋巍等人(2011)认为过程模型的制定，依赖于需求分析的结果以及预定义的环境信息，过程感知信息系统的过程应当随着需求和环境的变化而自主演化，其演化实现机理需要首先进行过程的静态演化，即根据需求和环境的变化对过程模型进行修改，使过程模型从一个版本升级到另一个版本，而后进行过程的动态演化，即将过程模型的变动传播到正在运行的过程实例上。王怀民等人(2014)提出复杂软件系统是一种泛在的新型软件形态，其需求和运行环境无法事先"冻结"并精确描述，需要在运行时朝着适应用户需求和环境变化的方向不断演进，软件整体质量只有在持续改进过程中保持和提升，因此，他们提出面向复杂软件系统的"成长性构造"和"适应性演化"法则，并将软件开发过程划分为初始开发阶段和持续演化阶段，不断依据环境和需求的变化，推动软件向着用户希望的方向逐步逼近和进化。在这些需求变更管理和需求演化分析等领域的研究都反映出需求变更对软件过程的重要影响。

　　软件开发、部署、运行和维护的环境已经从封闭、静态、可控转变为开放、动态和难控(王怀民等,2014),被动适应变化是远远不能满足需求的,主动迎接变化,有效依据变化实施软件过程改进,在持续改进过程中保持和提升软件质量已经成为连接未来的重要技术。本书研究动态环境下变化与过程的关系,基于需求变更的预测与分析实施软件过程改进,以提升软件系统适应外部动态环境的能力,实现需求变更可预测可控制,由被动的应变转向主动的求变,通过更科学的决策改进软件过程以期获得更好的软件质量、更快的开发演化效率、更好的风险控制以及更多的收益。另外,支持更复杂环境下的软件开发及演化,包括:分布式开发环境下涉及更复杂多样涉众和更多样地域文化的全球软件开发,以及社区化、分布式、自组织知识型生产的开放环境软件开发,对于提高软件项目管理和控制能力,提升软件企业的过程能力成熟度具有重要的意义。

1.3　本书结构

　　本书共 5 章。第 1 章介绍软件需求变更及其与软件过程的关系。第 2 章使用文献综述方法,对软件需求变更影响软件过程的相关研究工作进展进行综述分析,通过全面分析总结,发现基于需求变更实施软件过程改进尚无系统、有效而成熟的方法论,因此,本书通过分析软件需求变更影响,找出变更因素,提出面向软件需求变更的软件过程改进方法,不仅对软件开发和研究起到促进作用,还可以提高软件项目的成功率和可预测性。第 3 章对软件需求变更进行分析,利用许多软件组织在执行软件维护工作时常使用的 issue 跟踪系统,来研究软件需求变更本身以及变更之间的交互影响关系。第 4 章基于技术债务概念提出对软件需求变更影响的分析方法,通过定义和量化需求变更技术债务,对需求变更的优先级进行排序,以帮助软件项目组织在需求变更管理工作中做出更明智的决策。第 5 章使用系统动力学方法基于需求变更影响建立软件过程的系统动力学仿真模型,对现实软件过程进行抽象,通过模拟现实中的软件过程改进措施,实现面向需求变更的软件过程改进推荐。

参 考 文 献

程学旗, 靳小龙, 王元卓, 等. 2014. 大数据系统和分析技术综述. 软件学报, 25: 1889-1908.

金芝, 刘璘, 金英. 2008. 软件需求工程: 原理和方法. 北京: 科学出版社.

陆汝钤, 金芝. 2008. 从基于知识的软件工程到基于知件的软件工程. 中国科学: 信息科学, 38: 843-863.

吕建, 马晓星, 陶先平, 等. 2006. 网构软件的研究与进展. 中国科学: 信息科学, 36: 1037-1080.

彭蓉, 孙栋, 赖涵. 2013. 基于知行一致性判定三角的需求维基协作效用评估方法. 计算机学报, 36: 104-118.

宋巍, 马晓星, 胡昊, 等. 2011. 过程感知信息系统中过程的动态演化. 软件学报, 22: 417-438.

王怀民, 吴文峻, 毛新军, 等. 2014. 复杂软件系统的成长性构造与适应性演化. 中国科学: 信息科学, 44: 743-761.

王青, 李明树. 2003. 基于 SPC 的软件需求度量方法. 计算机学报, 26: 1312-1317.

王映辉, 王立福, 张世琨, 等. 2006. 一种软件需求变化追踪方法. 电子学报, 34: 1428-1432.

武占春, 王青, 李明树. 2006. 一种基于 PDCA 的软件过程控制与改进模型. 软件学报, 17: 1669-1680.

张莉, 钱冠群, 李琳. 2010. 基于变更传播仿真的软件稳定性分析. 计算机学报, 33: 440-451.

Berry D M. 2008. The software engineering silver bullet conundrum. IEEE Software, 25: 18-19.

Boehm B. 2008. Making a difference in the software century. IEEE Computer, 41: 32-38.

Brooks F P. 1987. No silver bullet: essence and accidents of software engineering. IEEE Computer, 20: 10-19.

Carlshamre P, Regnell B. 2000. Requirements lifecycle management and release planning in market-driven requirements engineering processes//Proceedings of the 11th International Workshop on Database and Expert Systems Applications, London.

Carreño L V, Winbladh K. 2013. Analysis of user comments:an approach for software requirements evolution//Proceedings of the International Conference on Software Engineering, San Francisco.

Ferreira S, Collofello J, Shunk D, et al. 2009. Understanding the effects of requirements volatility in software engineering by using analytical modeling and software process simulation. The Journal of Systems and Software, 82: 1568-1577.

Hassan A E, Holt R C. 2004. Predicting change propagation in software systems//Proceedings of the 20th IEEE International Conference on the Software Maintenance, Kyoto.

Holt J, Perry S A, Brownsword M. 2012. Model-based requirements engineering//The Institution of Engineering and Technology, London.

Hull E, Jackson K, Dick J. 2011. DOORS: a tool to manage requirements. Requirements Engineering, 9: 181-198.

Kavitha D, Sheshasaayee A. 2012. Requirements volatility in software maintenance//International Conference on Computer Science and Information Technology, Heidelberg.

Kotonya G, Sommerville I. 1998. Requirements Engineering: Processes and Techniques. New York: Wiley.

Leffingwell D, Widrig D. 2004. Managing Software Requirements: A Use Case Approach. 2nd ed. New York: Pearson.

Lam W, Shankararaman V. 1998. Managing change in software development using a process improvement approach//IEEE Euromicro Conference, Vasteras.

Larman C, Basili V R. 2003. Iterative and incremental developments: a brief history. IEEE Computer, 36: 47-56.

Madachy R, Boehm B, Lane J. 2007. Assessing hybrid incremental processes for SISOS development. Software Process Improvement and Practice, 12: 461-473.

Malik H, Hassan A E. 2008. Supporting software evolution using adaptive change propagation heuristics//Proceedings of the IEEE International Conference on Software Maintenance, Beijing.

Morkos B, Shankar P, Summers J D. 2012. Predicting requirement change propagation, using higher order design structure matrices: an industry case study. Journal of Engineering Design, 23: 905-926.

Morkos B, Mathieson J, Summers J D. 2014. Comparative analysis of requirements change prediction models: manual, linguistic, and neural network. Research in Engineering Design, 25: 139-156.

Nurmuliani N, Zowghi D, Williams S P. 2006. Requirements volatility and its impact on change effort: evidence based research in software development projects// Australian Workshop on Requirements Engineering, Adelaide.

Paulk M C, Curtis B, Chrissis M B, et al. 1993. Capability maturity model for software. Technical Report, CMU/SEI-93-TR-024.

Sharafat A R, Tahvildari L. 2008. Change prediction in object-oriented software system: a probabilistic approach. Journal of Software, 3: 26-39.

Stark G E, Oman P, Skillicorn A, et al. 1999. An examination of the effects of requirements changes on software maintenance releases. Journal of Software Maintenance: Research and Practice, 11: 293-309.

Tsantalis N, Chatzigeorgiou A. 2005. Predicting the probability of change in object-oriented systems. IEEE Transactions on Software Engineering, 31: 601-614.

Yau S S, Collofello J S. 1980. Some stability measures for software maintenance. Software Engineering. IEEE Transactions on Software Engineering, 6: 545-552.

第2章　需求变更对软件过程影响的研究进展

软件需求变更可能发生在软件生命周期过程中的任意阶段,变更不仅不可避免,甚至是需要的,软件工程面临着快速变化带来的强有力挑战(Boehm, 2008),当软件组织和软件项目处于这样一种动态的环境中时,软件需求变更不可能在软件开发初期就完全确定,变更处于运动中,随着时间、空间的改变,变更不断发生。在大量的软件项目实证研究中,这样频繁而无规律可循的变更给软件项目带来了巨大的风险,甚至影响到了软件项目的成败。即便是支持需求变更的敏捷方法,在其需求工程实践过程中也面临着由需求易变以及需求变更而引发的挑战(Inayat et al., 2015)。当然,需求变更的根本问题不是变更本身,正如前面所述,变更是需要的,问题是目前还没有非常有效的方法管理变更(Javed et al., 2004)。早在能力成熟度模型(Paulk et al., 1993)提出之初,就在四级和五级提出技术变更管理和过程变更管理的关键实践。因此,找出变更因素,预测并分析变更影响,管理变更,不仅对软件开发和演化有促进作用,还可以提高软件项目的成功率和可预测性。

软件需求变更的影响分为建设性和破坏性两类(Zowghi & Nurmuliani, 2002; Javed et al., 2004)。建设性变更一般指在软件过程早期阶段,在需求规约完成之前提出的需求变更,其建设性体现在可以辅助完善需求规约。对于不可控的变更,当影响过程性能或者产品性能时将其定义为破坏性变更。由于需求变更可能在软件过程的任意阶段提出,对其影响进行识别、分析、控制和追踪,尤其对破坏性影响需求变更进行管理并提出改进策略尤为重要。

随着工业界和学术界对软件工程领域研究的不断深入,大量的研究实践表明软件过程是保证软件质量的关键因素,而主动预测软件需求变更并积极开展软件过程改进,是保持和提升软件整体质量的有效方法。本章通过收集软件需求变更和变更管理相关文献,从中筛选出需求变更与软件过程及对软件质量影响的相关文献进行研究、分析与总结,期望通过分析,深入了解软件需求变更与软件过程的相互影响关系,以及对软件质量的影响作用。

2.1　软件需求变更相关文献概述

自 2004 年的软件工程国际会议上发表了 Evidence-based software engineering (Kitchenham et al., 2004)这篇开创性的文献之后,文献综述成为基于证据的软件工程一个重要研究方法。因此,本章下面的文献综述过程遵循严格的综述研究方法,针对特定研究问题，通过识别、评估、分析、综合相关研究工作，描述一个研究领域的研究现状、研究成果和存在问题，并指出未来研究方向（Zhang et al., 2011）。

在综述软件需求变更对软件过程及软件质量影响的研究工作时，首先，通过如下的检索关键词在 Scopus 和 Google Scholar 数据库中检索是否已有相关文献综述发表。

```
"requirement* chang*" AND ("process" OR "quality") AND ("review" OR
"mapping study")
```

通过上述关键词的检索，没有检索到相关文献，为不遗漏可能有关的文献综述，将关键词进行如下修改，去除过程和质量关键词之后，再次在 Scopus 和 Google Scholar 数据库中进行检索。

```
"requirement* chang*" AND ("review" OR "mapping study")
```

通过检索，有 9 篇相关文献综述，剔除质量低下的 1 篇文献综述，表 2.1 给出了余下 8 篇文献的综述情况。

表 2.1　相关文献综述

序号	文献	综述方向
1	Preliminary results of a systematic review on requirements evolution (Li et al., 2012)	定义需求演化概念 归纳需求演化管理活动 总结需求演化度量方法
2	Causes of requirement change: a systematic literature review (Bano et al., 2012)	总结需求变更原因 统计需求变更在软件过程各阶段的出现频率
3	A systematic study of requirement volatility during software development process (Dev & Awasthi, 2012)	软件过程中需求易变对软件过程的影响
4	The impact of software requirement change: a review (Alsanad & Chikh, 2015)	按照软件需求变更研究工作的时间划分初始研究、分析评估需求变更研究、发现变更影响研究和估计与缓解变更影响研究四个阶段，分别给出各个阶段的相关研究进展
5	Impact analysis and change propagation in service-oriented enterprises: a systematic review (Alam et al., 2015)	需求变更对服务与业务过程变更的影响分析与传播分析方法
6	Requirement-driven evolution in software product lines: a systematic mapping study (Montalvillo & Díaz, 2016)	总结需求驱动软件产品线演化在研究工作、产品生成、软件生产线资产和演化活动上的研究比例和进展
7	A systematic review of requirements change management (Jayatilleke & Lai, 2018)	分析需求变更原因 总结需求变更管理采用的软件过程 总结需求变更管理采用的技术 分析机构组织应对需求变更的决策方法
8	Investigation of project administration related challenging factors of requirements change management in global software development: a systematic literature review (Akbar et al., 2018)	识别全球软件开发企业中影响需求变更管理活动的项目管理挑战

下面对检索到的这 8 篇综述文献按发表年代逐一分析总结。

1. Preliminary results of a systematic review on requirements evolution

2012 年，Li 等人在第 16 届软件工程评估国际会议上发表了该文献，面向需求演化的概念、管理以及度量方法，对 125 篇相关文献进行总结和分析。他们认为需求演化与需求变更是两个不同的术语，但一直以来都在文献中被混用，通过总结相关文献并借用软件演化的概念，他们提出"需求演化"是需求朝着一个确定方向持续变更的过程，这个过程虽是由离散的需求变更事件构成的，但演化代表着一些可预测的趋势。当需求演化的请求提出，需求演化管理活动就开始执行，14 个管理活动分四个阶段定义如表 2.2 所示。

表 2.2 需求演化管理活动

阶段	活动	活动描述
准备需求演化	需求验证	明确需求质量，例如，精确性、正确性、一致性等
	基线需求	为下一个项目阶段建立基线
	建立控制演化的渠道	确立演化管理策略和过程，包括：人员、技术和工具
	需求追踪	追踪需求和相关制品
	计划演化	识别自适应需求，增加设计自适应性等
分析演化影响并决策	识别演化类型	识别演化类型，评估演化重要性
	演化根源分析	通过演化根源分析，识别其重要性及影响程度
	演化风险分析	变更对功能、质量(如性能、安全性、可靠性或易用性)、成本、客户和其他外部利益相关者的影响
	协商	利益相关者冲突的识别与权衡分析
	演化优先级	在资源约束下对演化决策其优先级以决定实现顺序
	决策	决定哪一个制品应该被修改以及如何实现演化
实现演化	修改影响的制品并验证	修改需求模型和其他影响的制品，并在修改后测试
追踪演化	issue 追踪	记录 issue 和缺陷以评估演化过程
	演化度量	分析演化管理过程中的问题

表 2.3 给出了需求演化管理活动可以使用的度量指标。

表 2.3 需求演化度量

度量目标	度量指标
理解演化来源、频率和类型	需求易变，需求变更类型，需求变更时间，需求变更来源，需求的计划与实际工作量，需求变更数量，需求成熟因子，需求稳定因子，历史需求成熟度，需求类型
分析需求演化影响的工作量、成本、进度、质量	变更影响的进度，成本和质量，类定义的复杂度，类的交互性，需求的计划与实际工作量，完成一个版本的计划与实际工作天数，在计划制定后一个版本的需求变更，质量变化，成本变化，预算减少，需求依赖，变更密度，需求增加、修改和删除，错误率和修复成本，接受率，时间变化，投资变化

度量目标	度量指标
分析用例规模和需求演化见的相关性	用例模型规模，用例模型变更规模

2. Causes of requirement change : a systematic literature review

2012 年，Bano 等人发表了与需求变更相关的文献综述，他们的综述目标是对需求变更根源以及这些变更在软件过程中的出现频率进行分析。通过对检索得到的大量文献进行筛选，Bano 等人仅选取了 5 篇对变更根源进行实证研究的文献进行分析和总结，得到需求变更根源如表 2.4 所示。

表 2.4　需求变更根源

文献	变更根源
Requirements uncertainty: influencing factors and concrete improvements (Ebert & de Man, 2005)	需求不确定是需求变更的根源，需求不确定的原因包括： 模糊的产品目标和策略 关键利益相关者没有参与项目 未知的项目依赖关系 业务案例没有被彻底评估 需求没有被充分指出和分析
A micro and macro based examination of the effects of requirements changes on aerospace software maintenance (Stark et al., 1998)	系统接口规约不正确、不完整 功能规约不正确、不完整 用户手册和培训不充分
Ananlysis of requirements volatility during software development life cycle (Nurmuliani et al., 2004)	顾客和市场的需求 开发者逐渐增加对产品的理解 软件组织策略变更
An empirical study of software change: origin, acceptance rate, and functionality vs. quality attributes (Mohagheghi & Conradi, 2004)	软件组织改进或升级软件产品 顾客提出改进或升级软件产品 环境改变
Requirements and design change in large-scale software development: analysis from the viewpoint of process backtracking (Tamai & Itou, 1993)	用户加深对系统的理解和学习

由表 2.4 可见，需求变更的提出来源于软件项目组织和软件使用用户，受软件所处环境影响，当软件产品的策略、目标、依赖关系、规约和分析不充分时，更易导致变更。另外，通过对文献实证分析数据，Bano 等人总结需求变更在软件过程中的出现频率如表 2.5 所示。

表 2.5　需求变更在不同软件过程阶段的比例

数据来源	软件过程阶段	变更比例
一个大型多站点软件开发企业的所有变更请求表单(Nurmuliani et al., 2004)	需求分析阶段	23.75%
	软件设计阶段	10.89%
	软件测试阶段	6.53%

续表

数据来源	软件过程阶段	变更比例
一个大规模电信系统四个发布版本的所有变更请求(Mohagheghi & Conradi, 2004)	软件实现之前	47.3%
一个大型贸易公司在线记账系统的软件文档和项目组成员的调研数据 (Tamai & Itou, 1993)	需求分析阶段	40%
	软件设计阶段	60%
一个大型金融机构管理信息系统的软件文档和项目组成员的调研数据 (Tamai & Itou, 1993)	需求分析阶段	42%
	软件设计阶段	58%

由表 2.5 可见，实证研究证据说明需求变更在软件过程所有阶段都会发生，并且变更比例与软件过程的阶段或活动无关，这加大了对于需求变更管理的难度。

3. A systematic study of requirement volatility during software development process

2012 年，Dev 和 Awasthi 发表了面向软件过程研究需求易变的文献综述，他们分别对 18 篇文献进行阐述，表 2.6 总结了其中 6 篇研究需求变更对软件过程、软件质量影响的文献分析结果。

表 2.6　软件开发过程中的需求易变性文献分析

文献	分析结果
A study of the impact of requirements volatility on software project performance (Zowghi & Nurmuliani, 2002)	需求易变对项目性能，包括：项目进度和项目成本存在负面影响；控制需求稳定程度可以通过增加用户与开发人员的沟通、使用需求分析与建模方法、检查需求的方法来实现
Analysis of requirements volatility during software development lifecycle (Nurmuliani et al., 2004)	使用案例分析的方法分析需求易变的原因，包括：客户需要改变，开发者增加对产品的理解和组织机构策略的改变；需求易变率在需求规约完成后达到最高值
A study to investigate the impact of requirements instability on software defects (Javed et al., 2004)	软件发布前后的变更请求与软件缺陷之间存在关系，越是软件开发后期的变更越易导致严重的缺陷；不充足的设计和交流是导致变更发生的原因且最终会成为软件缺陷
Requirements volatility and its impact on change effort: evidence-based research in software development project (Nurmuliani et al., 2006)	软件开发后期新增需求导致变更工作量最大；所有需求变更属性(需求变更数量、受影响文档数量、内部和外部需求变更源、增删改的变更类型)都与变更工作量相关
Understanding the effects of requirements volatility in software engineering by using analytical modeling and software process simulation (Ferreira et al., 2009)	使用系统动力学模型分析需求易变对软件成本、进度和质量的影响
Understanding requirements volatility in software projects-an empirical investigation of volatility awareness, management approaches and their applicability (Thakurta & Ahlemann, 2010)	通过项目调研，提出一个有利于适应需求变更的项目执行策略是选择灵活与合适的过程模型

综述上述分析，Dev 和 Awasthi 得出如下结论。

(1)软件过程中的需求易变是不可避免的，并且对软件过程有很大的影响，然而，需求易变带来的风险却又常常被低估；

(2)对于如何降低软件开发过程中需求易变的影响，还没有相关研究成果。

4. The impact of software requirement change : a review

2015 年，Alsanad 和 Chikh 发表了软件需求变更影响研究的文献综述，他们将需求变更影响研究的相关工作分解为初始研究、分析评估需求变更研究、发现变更影响研究和估计与缓解变更影响研究四个阶段。初始研究工作是 1972 年~1999 年，这个阶段的相关文献总结如表 2.7 所示。

表 2.7　初始研究

文献(1972 年~1999 年)	分析结果
Module connection analysis : a tool for scheduling software debugging activities (Haney, 1972)	首次讨论大规模系统的变更涟漪问题； 提出一个简单的研究变更影响的模型，用于评估变更数量并给出保持发布系统稳定性的策略
Software Engineering Economics(Boehm, 1983)	分析需求变更在整个软件开发过程中对成本的影响； 提出过程结构的主要经济驱动力来自实现软件变更或者修复软件问题的成本
A field study of the software design process for large systems (Curtis et al., 1988)	在大型项目中，需求的波动和冲突会造成很严重的问题，其中，需求波动源于市场影响、组织影响和隐藏影响，主要影响与组织和业务有关

分析评估需求变更的研究工作是 2000 年~2003 年，这个阶段的相关文献总结如表 2.8 所示。

表 2.8　分析评估需求变更

文献(2000 年~2003 年)	分析结果
Enhancing requirements and change management through process modelling and measurement (Lavazza & Valetto, 2000a)	评估需求变更影响和实现变更的成本； 提出可追踪的产品模型和过程模型，识别、组织、定位和维护追踪关系
Requirements-based estimation of change costs (Lavazza & Valetto, 2000b)	评估需求变更影响，估计实现变更的成本； 提出开发软件产品知识和变更实现过程知识的方法，并定义量化特征用于变更实现成本预测
Using simulation to analyse the impact of software requirement volatility on project (Pfahl & Lebsanft, 2000)	建立仿真模型证明需求变更对项目持续时间与工作量存在影响，特别是会消耗大量的工作量； 分析了高效实现变更所需的开支
Analyzing the impact of changing requirements (O'Neal & Carver, 2001)	基于需求可追踪性分析需求变更影响，并基于潜在影响分类需求变更； 在案例分析中比较真实影响与期望影响，并找出预测影响接近真实影响的方法

续表

文献（2000 年～2003 年）	分析结果
A study of the impact of requirements volatility on software project performance (Zowghi & Nurmuliani, 2002)	基于实证研究方法调研需求易变性及其对软件项目进度和成本的影响，调研结果显示需求越不稳定，项目进度越滞后，成本会更多地超出预算
Analyzing the impact of changing software requirements: a traceability-based methodology (O'Neal, 2003)	提出一个基于追踪的影响分析方法，预测与评估需求变更对软件开发项目的影响，并决策风险最大的变更；它包含两个模型：面向软件产品的工作产品信息模型和面向需求变更的需求变更信息模型

发现变更影响的研究工作是 2004 年～2009 年，这个阶段的相关文献总结如表 2.9 所示。

表 2.9　发现变更影响

文献（2004 年～2009 年）	分析结果
Ananlysis of requirements volatility during software development life cycle (Nurmuliani et al., 2004)	提出一个管理持续变更需求的方法，使用定性方法识别与评估需求变更过程；识别并标识需求易变问题的根源并进行对应的实证研究
A study to investigate the impact of requirements instability on software defects (Javed et al., 2004)	通过 4 个工业项目的 30 个发布产品数据，分析发布前后需求变更对缺陷的影响，结果显示出需求变更对缺陷存在很大的影响；在软件过程设计阶段后期的变更对系统有更严重的影响，而项目组往往没有投入足够时间在设计阶段
A light-weight proactive software change impact analysis using use case maps (Hewitt & Rilling, 2005)	提出一个在规约层级发现需求变更影响的轻量级方法，使用例图进行变更影响分析，包括依赖分析和涟漪影响分析，目标是在变更执行之前主动识别变更影响
Change impact analysis for requirement evolution using use case maps (Hassine et al., 2005)	在规约层级，使用切片与依赖分析方法识别早期需求变更对软件系统可能的影响
Impact analysis (Jönsson & Lindvall, 2005)	从需求工程视角总结变更影响及对应策略，例如，追踪与依赖分析、切片、影响分析应用与工具
Requirements volatility and its impact on change effort: evidence-based research in software development project (Nurmuliani et al., 2006)	基于需求易变性研究需求变更对软件开发工作量的影响；影响软件开发工作量需要考虑的变更类型主要是新需求的增加，另外，由于修复缺陷、产品策略或遗漏需求等提出的变更请求相对需要更多的工作量
Towards a framework for requirement change management in healthcare software applications (Shaban-Nejad & Haarslev, 2007)	使用 RLR（represent, legitimate and reproduce）框架，提出基于代理的演化需求管理方法，以一种形式化与保持一致性的方式捕获、追踪、描述与管理变更
Requirement-centric traceability for change impact analysis: a case study (Li et al., 2008)	运用需求为中心的追踪方法，通过使用需求依赖图与追踪矩阵，评估变更对代码的影响

估计与控制变更影响的研究工作起始于 2010 年，文献统计工作截至 2014 年，这个阶段的相关文献总结如表 2.10 所示。

表 2.10　估计与控制变更影响

文献(2010 年～2014 年)	分析结果
An investigation of changing requirements with respect to development phases of a software project (Bhatti et al., 2010)	分析需求变更与软件过程各个阶段的关系,发现:在需求阶段增加的变更也将在设计阶段增加,在早期阶段提出的变更请求越多,在后期阶段提出的则越少,在维护阶段用户使用软件后提出的需求变更请求是最多的
Examing requirements change rework effort: a study (Chua & Verner, 2010)	提出一个新的变更请求表单标准,用于减少对返工的影响;研究影响返工工作量估计的主要因素
Improving efficiency of change impact assessment using graphical requirement specifications: an experiment (Mellegård & Staron, 2010)	使用需求图描述方法评估变更影响可以节约时间,但会降低精确性
Semantic decoupling: reducing the impact of requirement changes (Navarro et al., 2010)	通过定义语义解耦概念,使用追踪矩阵,减少变更需求的涟漪效应
Study of impact analysis of software requirement change in SAP ERP (Ghosh et al., 2011)	使用代码的静态与动态分析方法分析变更影响,分类变更源为计划开发、意外问题和系统改进
A simulation approach for impact analysis of requirement volatility considering dependency change (Wang et al., 2012)	提出一个基于依赖关系的需求易变仿真方法,建模依赖与追踪关系和依赖关系的变更,分析变更对项目计划的影响
Measuring the impact of changing requirements on software project cost: an empirical investigation (Sharif et al., 2012)	提出一个成本估计模型和一个回归方程,计算变更成本(实现变更的工作小时);变更优先级越高,实现此变更的工作量越大,同样,在软件过程后期阶段提出的变更也需要更大的工作量去实现
Capability-based approach for evaluating the impact of product requirement changes on the production system (Järvenpää & Torvinen, 2013)	估计实现需求变更影响的硬件变更工作量和成本
Effective usage of AI technique for requirement change management practices (Naz et al., 2013)	集成需求变更管理和用例推理,应用人工智能技术提出一个模型,通过积累学习以往需求变更管理实践,改进计划解决方案,实现需求变更管理
Modeling the impact of requirements change in the design of complex systems (Fernandes et al., 2013)	针对复杂系统在设计过程的需求变更影响,捕获设计代理的机制关系与决策行为,提供建模复杂动态设计的需求属性
A methodology to evaluate object-oriented software systems using change requirement traceability based on impact analysis (Sunil & Kurian, 2014)	基于影响分析解决变更需求追踪问题

根据上述分析,Alsanad 和 Chikh 得出如下结论。

(1)需求变更从多个方面对软件开发的成败产生很大的影响,其中对软件项目成本和进度的影响研究较多,在分析的 28 篇文献中有 15 篇文献研究需求变更对成本和进度的影响。

(2)未来还有很多研究空间,包括:需求变更对软件质量和软件维护的影响,开发支持需求规约演化的技术与工具。

5．Impact analysis and change propagation in service-oriented enterprises: a systematic review

2015 年，Alam 等人针对使用面向服务架构和业务过程管理的企业，研究了在需求变更导致服务与业务过程变更时变更影响与传播的分析方法。

(1)基于服务系统的变更影响。

传统软件系统的变更影响分析采用依赖分析或追踪分析方法，其中，依赖分析方法主要使用数据依赖分析、控制流依赖分析或组件依赖分析，追踪分析方法主要使用需求追踪分析、软件文档追踪分析或项目数据库追踪分析。但传统分析方法在基于服务的业务过程管理环境就不完全适用了，在基于服务的业务过程管理环境中，变更影响分析虽仍然采用依赖分析和追踪分析，但依赖分析方法主要使用图分析、形式化规约分析、量化分析和执行轨迹分析，而追踪分析方法主要分为纵向或横向追踪，向前、向后或双向追踪，另外还可以使用历史数据挖掘方法。表 2.11 总结了变更影响分析方法。

表 2.11　变更影响分析方法

环境	影响分析方法类别	影响分析方法	研究工作分布比例
传统环境	依赖分析	数据依赖分析	N/A
		控制流依赖分析	N/A
		组件依赖分析	N/A
	追踪分析	需求追踪分析	N/A
		软件文档追踪分析	N/A
		项目数据库追踪分析	N/A
基于服务的业务过程管理环境	依赖分析	图分析	31%
		形式化规约分析	29%
		量化分析	10%
		执行轨迹分析	12%
	追踪分析	横向、纵向追踪	14%
		向前、向后、双向追踪	
	历史数据挖掘	挖掘软件仓库	6%

(2)基于服务系统的变更传播。

变更传播包括向前、向后和双向传播，其中，向前传播包括高层设计元素、低层设计元素的需求和实现，向后传播包括低层模型、高层设计元素需求的实现。在所有研究文献中，20%的文献研究了变更传播解决方案，其中大部分解决方案是半自动的，即维护人员的参与和决策还是处于重要的地位。

(3)跨越业务与服务层的变更影响与传播。

当需求变更引起业务过程变更时，业务过程变更主要体现为过程模型演化和过程实例变更，过程模型演化主要目的是优化，而过程实例变更则主要是应对意外发生的变更。在业务层的变更影响分析与传播分析主要分为过程内的分析和过程分层间自顶向下或自底向上的分析，其中，**56.66%**的研究工作针对过程内的变更影响及传播进行分析，而只有 **28.33%**的研究工作是针对过程不同抽象层次之间的变更影响及传播进行分析，其中 **18.33%**的工作研究自顶向下的影响及传播，**10%**的工作研究自底向上的影响及传播。

当需求变更引起服务变更时，服务变更主要分为组合服务变更和组件服务变更，不管是哪类服务变更，本质上都是功能与非功能需求的变更。在服务层的变更影响分析与传播分析主要分为服务内的分析和服务分层间自底向上的分析。

6. Requirement-driven evolution in software product lines: a systematic mapping study

2016 年，Montalvillo 和 Díaz 发表了需求驱动的软件生产线演化研究文献综述，对研究工作类型、产品生成方法、影响软件生产线资产和演化活动进行分析，表 2.12 给出了他们的分析结果。

表 2.12　需求驱动的软件生产线演化研究结果

研究问题	研究类型	研究工作分布
研究工作类型	概念研究	9%
	方案评估研究	19%
	解决方案研究	31%
	工业实践研究	17%
	实验确认研究	24%
产品生成方法	基于注释特征合成的方法	4%
	基于组合的方法	29%
	模型驱动方法	15%
	基于克隆的方法	7%
	混合方法	8%
影响软件生产线资产	变化模型	30%
	软件生产线架构	18%
	代码资产	30%
	产品	13%
演化活动	识别变更	6%
	分析并计划变更	37%
	实现变更	43%
	验证变更	14%

7. A systematic review of requirements change management

2018 年，Jayatilleke 和 Lai 发表了需求变更管理文献综述，针对筛选出的 184 篇相关文献提出了 4 个研究问题：①引发需求变更的原因是什么？②需求变更管理使用什么样的过程？③需求变更管理使用哪些技术？④面向需求变更，组织机构如何决策？针对第二个研究问题，他们总结分析了需求变更管理的半形式化方法、形式化过程模型和敏捷方法。

首先，由于需求变更管理过程影响着组织机构软件过程改进与软件项目的成败，Jayatilleke 和 Lai 总结出了如表 2.13 所示的 7 类半形式化变更管理过程。

表 2.13　半形式化变更管理过程分析

文献来源	变更管理过程	局限性
Leffingwell 和 Widrig (2000)	① 识别不可避免的变更并制定计划 ② 制定需求基线 ③ 建立控制变更的单通道 ④ 使用变更控制系统捕获变更 ⑤ 基于层次结构管理变更	缺少识别变更可接受性的方法及变更影响的计算方法
El 等人(1997)	① 初始化对问题的评估 ② 初步分析 ③ 详细变更分析 ④ 实现	仅适用于大型项目且各个步骤的细节不清晰
Kotonya 和 Sommerville (1998)	① 分析问题并提出变更规约 ② 变更分析与成本分析 ③ 变更实现	缺少变更成本估算的决策因素，另外，仅考虑成本因素，未考虑风险因素
Strens 和 Sugden(1996)	① 识别变更根源的要素 ② 识别被变更严重影响的需求 ③ 进行变更影响分析，识别变更后果 ④ 对需求、设计、成本、进度、安全性、性能、可靠性、可维护性、适应性、规模和人员因素进行变更影响分析	缺少变更分析方法的清晰解释，难以确定变更的涟漪效应
Pandey 等人(2010)	① 追踪已协商好需求的变更 ② 识别变更需求与系统其余部分的关系 ③ 识别需求文档与系统其余文档的依赖关系 ④ 是否进行变更的决策 ⑤ 确认变更请求 ⑥ 维护一个变更的审计跟踪	未讨论执行过程各个步骤的详细方法，影响分析方法不清晰，也未考虑变更实现的相关成本和风险
Tomyim 和 Pohthong (2016)	① 识别变更请求 ② 识别相关的系统流程和工作指令 ③ 分析变更对系统的影响并报告影响的制品 ④ 基于影响进行决策	缺少各个过程步骤执行细节介绍，未考虑变更优先级、成本和工作量等影响因素
Hussain 等人(2016)	① 识别非形式化的需求变更 ② 分析变更影响 ③ 与项目利益相关者协商变更 ④ 如果接受变更，考虑是在本阶段实现还是下一个阶段实现	缺少协商方法、变更影响分析方法和影响因素

通过上述相关文献分析，建立变更管理过程是非常重要的，虽然已有文献提出了多种管理过程，不过其中 3 项活动是最为关键的，即变更识别、变更分析和变更工作量估计。基于这些关键变更管理活动，增加相关制品和人员角色等管理活动，提出相应的形式化软件过程模型，解决需求变更交流、理解、改进和管理问题，提高变更管理的有效性。表 2.14 列出了 Jayatilleke 和 Lai(2018)总结出的 10 个形式化过程模型，表 2.15 给出了这些模型的局限性。

表 2.14　需求变更管理形式化过程模型

需求变更管理	过程活动	Leffingwell 和 Widrig (2000)	Olsen (1993)	V-like (Makarainen, 2000)	Ince's (Makarainen, 2000)	Spiral (Makarainen, 2000)	NRM (Kobayashi & Maekawa, 2001)	Bohner (1996)	CHAM (Lam et al., 1998)	Ajila (2002)	Lock 和 Kotonya (1999)
变更识别	计划变更	Y									
	理解问题			Y		Y		Y	Y		
	决定变更类型			Y						Y	Y
变更分析	变更对功能的影响	Y		Y							
	管理变更层次	Y									
	分析解决方案	Y		Y		Y					Y
估计变更工作量	变更对成本的影响	Y							Y		Y
	估计工作量								Y		Y
	成本效益分析										
其他	协商过程	Y							Y		Y
	更新文档	Y		Y	Y				Y		Y
	变更实现		Y		Y		Y		Y	Y	Y
	验证		Y	Y	Y		Y	Y	Y	Y	Y
	确认			Y	Y		Y			Y	Y
	文档影响、成本和决策										Y
制品		基线、愿景文档、用例模型、需求规约	N/A	修改报告、问题描述	问题描述、变更授权笔记、测试记录	实现计划、发布计划	N/A	N/A	N/A	N/A	愿景文档、用例模型、需求规约、问题描述、变更请求表
角色		顾客、开发者、终端用户、变更控制部门	N/A	维护组织	顾客、开发者、变更控制部门	N/A	N/A	N/A	顾客、开发者、终端用户	N/A	顾客、开发者、终端用户

表 2.15　半形式化变更管理过程分析

过程模型	局限性
Leffingwell 和 Widrig (2000)	缺少变更实现，未进行模型验证，未定义变更请求和决策形式
Olsen (1993)	未提及变更跟踪，未定义过程制品和角色
V-like (Makarainen, 2000)	缺少成本估计和变更影响分析
Ince's (Makarainen, 2000)	决策过程不清晰，未进行模型验证
Spiral (Makarainen, 2000)	决策过程不清晰，未进行模型验证，未定义过程角色
NRM (Kobayashi & Maekawa, 2001)	活动定义过于抽象，未定义过程制品和角色
Bohner (1996)	缺少变更影响分析
CHAM (Lam et al., 1998)	缺少变更对功能需求影响的分析，未定义过程制品
Ajila (2002)	缺少成本和工作量估计，未定义过程制品和角色
Lock 和 Kotonya (1999)	缺少变更识别活动

最后，Jayatilleke 和 Lai (2018) 总结了敏捷方法为适应需求变更而定义的变更管理活动，包括：面对面交流、将顾客纳入项目组并增加交互、迭代需求、制定需求优先级、原型开发、建模需求、需求评审会可接受测试、代码重构、项目回顾和持续的计划制定。相较于传统软件开发，敏捷开发鼓励在每一次迭代中提出变更，因此，可以在迭代过程中持续的管理需求变更。当然，敏捷方法的这些活动也存在一定的挑战，例如，面对面交流频率依赖与项目团队成员的意愿，而顾客可能完全不了解敏捷方法，在与顾客沟通中可能难于达成一致，顾客也会在协商好后改变需求；需求优先级判断标准难于确定；代码重构有可能适得其反等。因此，有效的需求变更管理仍然需要进一步的研究与实践。

8. Investigation of project administration related challenging factors of requirements change management in global software development: A systematic literature review

2018 年，Akbar 等人发表了全球软件开发企业应对需求变更管理的项目管理挑战的文献综述，通过对筛选出来的 29 篇文献进行分析，他们找出如表 2.16 所示的 10 项风险。

表 2.16　全球软件开发企业需求变更管理挑战

挑战	文献数量和所占比例
缺乏专业的项目管理	18 (62%)
变更规模不清晰	17 (59%)
不同站点需求变更管理过程差异	15 (52%)
站点间缺乏同步工作	14 (48%)
组织机构政策差异	14 (48%)
项目成员角色和责任的划分	13 (45%)
缺少组织机构的支持	12 (41%)

挑战	文献数量和所占比例
预算限制	12(41%)
不同站点间的时间调整	11(38%)
风险管理问题	9(31%)

在此 10 项风险中，前 3 项风险：缺乏专业的项目管理、变更规模不清晰和不同站点需求变更管理过程差异是最突出的挑战，其中，不同站点需求变更管理过程差异由于不同站点文化差异、语言不同以及不同的工作进度安排，为需求变更管理带来了巨大的挑战。

上述 8 篇综述文献面向软件需求变更的不同方面和不用研究领域对相关研究工作进行了分析和总结，没有专门针对软件需求变更对软件过程影响进行分析，但在其分析相关研究工作中，提到了需求变更对软件过程的重要影响，因此，本章后续工作就此影响进行文献综述的研究与分析。

另外，通过阅读上述综述文献，需求变更（requirement change）通常描述需求的增加、修改和删除，除需求变更之外，文献中还出现了另外 8 个与需求变更相关的术语。通过研究文献对相关术语的描述，给出这些术语的定义。

(1)需求变更（requirement change）：需求的增加、修改和删除（Li et al.，2012）。

(2)需求演化（requirement evolution）：描述需求在不同版本中的变化关系，强调需求持续变更的过程（Li et al.，2012）。

(3)需求易变（requirement volatility）：需求变更的程度度量或单位变更数量，即每周、每月或每个阶段的需求变更数量（Ferreira et al., 2009; Dev & Awasthi, 2012）。

(4)需求不确定（requirement uncertainty）：需求缺失完整的信息（Nidumolu, 1996）或在实践使用之前无法确定（Ebert & de Man, 2005），或在用户和开发者之间存在信息差异（Zowghi & Nurmuliani, 2002）。

(5)需求蔓延（requirement creep）：也称为范围蔓延（scope creep），描述变更需求的比例（Jones, 1996），强调需求的增加和修改导致软件功能和软件规模的扩大和变化（Carter et al., 2001）。

(6)需求不稳定（requirement instability）：需求在整个项目软件过程中变动的程度（Zowghi & Nurmuliani, 2002）。

(7)需求多样（requirement diversity）：软件利益相关者对软件的不一致需求（Zowghi & Nurmuliani, 2002）。

(8)需求搅动（requirement churn）：需求变更的频率（Damian & Chisan, 2006），强调需求不稳定，虽有修改，但不会增加或减少项目规模（Kulk & Verhoef, 2008）。

(9)需求废弃（requirement scrap）：删除不需要的需求，或因预算不足及进度超期而无法实现的需求（Kulk & Verhoef, 2008）。

接下来，使用所有 9 个相关术语在学术文献数据库中进行文献检索，时间覆盖 1989 年~2018 年，经过初步筛选并去除重复文献后，总计收集到 575 篇文献，其中与软件过程相关文献总计 78 篇。

[S1]　Lin C Y, Levary R R. Computer-aided software development process design. IEEE Transactions on Software Engineering, 1989, 15: 1025-1037.

[S2]　Tamai T, Itou A. Requirements and design change in large-scale software development: analysis from the viewpoint of process backtracking//Proceedings of the 15th International Conference on Software Engineering, Tallinn, 1993.

[S3]　Ferreira S, Collofello J, Shunk D, et al. Understanding the effects of requirements volatility on software engineering by using analytical modeling and software process simulation. The Journal of Systems and Software, 2009, 82: 1568-1577.

[S4]　Nidumolu S R. Standardization, requirements uncertainty and software project performance. Information & Management, 1996, 31: 135-150.

[S5]　Stark G, Oman P, Skillicorn A, et al. An examination of the effects of requirements changes on software maintenance releases. Journal of Software Maintenance Research and Practice, 1999, 11: 293-309.

[S6]　Pfahl D, Lebsanft K. Using simulation to analyse the impact of software requirement volatility on project performance. Information and Software Technology, 2000, 42: 1001-1008.

[S7]　Malaiya Y K, Denton J. Requirements volatility and defect density// International Symposium on Requirements Engineering, Boca Raton, 1999: 285-294.

[S8]　Houston D X, Mackulak G T, Collofello J S. Stochastic simulation of risk factor potential effects of software development risk management. The Journal of Systems and Software, 2001, 59: 247-257.

[S9]　Zowghi D, Nurmuliani N. A study of the impact of requirements volatility on software project performance//The 9th Asia-Pacific Software Engineering Conference, Queensland, 2002.

[S10]　Javed T, Maqsood M, Durrani Q S. A study to investigate the impact of requirements instability on software defects. ACM SIGSOFT Software Engineering Notes, 2004, 9: 1-7.

[S11]　Wang J J, Li J, Wang Q, et al. tion approach for impact analysis of requirement volatility considering dependency change//The 18th International Conference on Requirements Engineering: Foundation for Software Quality, Essen, 2012.

[S12]　Ferreira S, Shunk D, Collofello J, et al. Reducing the risk of requirements volatility: finding from an empirical survey. Journal of Software Maintenance and Evolution: Research and Practice, 2011, 23: 375-393.

[S13]　Lam W, Shankararaman V. Managing change in software development using a process improvement approach // IEEE Euromicro Conference, Vasteras, 1998.

[S14]　Liu D P, Wang Q, Xiao J C, et al. RVSim: a simulation approach to predict the impact of requirements volatility on software project plans//International Conference on Software Process, Berlin, 2008.

[S15]　Bohner S A. Impact analysis in the software change process: a year 2000 perspective//International Conference on Software Maintenance, Monterey, 1996.

[S16]　Minhas N M, Qurat-ul-Ain, Zafar-ul-lslam, et al. An improved framework for requirement change management in global software development. Journal of Software Engineering and Applications, 2014, 7: 779-790.

[S17]　Ali N, Lai R. A method of requirements change management for global software development. Information and Software Technology, 2016, 70: 49-67.

[S18]　Thakurta R, Suresh P. Impact of HRM policies on quality assurance under requirement volatility. International Journal of Quality & Reliability Management, 2012, 29: 194-216.

[S19]　Lavazza L, Valetto G. Enhancing requirements and change management through process modelling and measurement//The 4th International Conference on Requirements Engineering, Schaumburg, 2000.

[S20]　Cleland-Huang J, Chang C K, Christensen M. Event-based traceability for managing evolutionary change. IEEE Transactions on Software Engineering, 2003, 29: 796-810.

[S21]　Cleland-Huang J, Chang C K, Wise J C. Automating performance-related impact analysis through event based traceability. Requirements Engineering, 2003, 8: 171-182.

[S22]　Imtiza S, Ikram N, Imtiaz S. A process model for managing requirement change//The 4th International Conference on Advances in Computer Science and Technology, Langkawi, 2008.

[S23]　Cleland-Huang J, Settimi R, Benkhadra O. Goal-centric traceability for managing non-functional requirements//International Conference on Software Engineering, Saint Louis, 2005.

[S24]　Kulk G P, Verhoef C. Quantifying requirements volatility effects. Science of Computer Programming, 2008, 72: 136-175.

[S25] Ebert C, de Man J. Requirements uncertainty: influencing factors and concrete improvements// International Conference on Software Engineering, Saint Louis 2005.

[S26] Thakurta R, Ahlemann F. Understanding requirements volatility in software projects-an empirical investigation of volatility awareness, management approaches and their applicability//The Hawaii International Conference on System Sciences, Koloa, 2010.

[S27] Bhatti M W, Hayat F, Ehsan N, et al. Investigation of changing requirements with respect to development phases of a software project//International Conference on Computer Information Systems and Industrial Management Application, Krackow, 2010.

[S28] Anitha P C, Savio D, Mani V S. Managing requirements volatility while 'Scrumming' within the V-Model//International Workshop on Empirical Requirements Engineering, Rio de Janeiro, 2013.

[S29] Carter R A, Antón A I, Dagnino A. Evolving beyond requirements creep: a risk-based evolutionary prototyping model//International Symposium on Requirements Engineering,Toronto, 2001.

[S30] Nurmuliani N, Zowghi D, Fowell S. Analysis of requirements volatility during software development life cycle//The Australian Software Engineering Conference, Melbourne, 2004.

[S31] Damian D, Chisan J. An empirical study of the complex relationships between requirements engineering processes and other processes that lead to payoffs in productivity, quality, and risk management. IEEE Transactions on Software Engineering, 2006, 32: 433-453.

[S32] Navarro I, Leveson N, Lunqvist K. Semantic decoupling: reducing the impact of requirement changes. Requirements Engineering, 2010, 15(4): 419-437.

[S33] Conejero J M, Figueiredo E, Garcia A, et al. On the relationship of concern metrics and requirements maintainability. Information and Software Technology, 2012, 54: 212-238.

[S34] Fernandes J, Silva A, Henriques E. Modeling the impact of requirements change in the design of complex systems//International Conference on Complex Systems Design & Management, Berlin, 2013.

[S35] Dam H K, Winikoff M. An agent-oriented approach to change propagation in software maintenance//International Conference on Autonomous Agents and Multiagent Systems, Taipei, 2011.

[S36]　Yang F, Duan G J. Developing a parameter linkage-based method for searching change propagation paths. Research in Engineering Design, 2012, 23: 353-372.

[S37]　Lloyd D, Moawad R, Kadry M. A supporting tool for requirements change management in distributed agile development. Future Computing and Informatics Journal, 2017, 2: 1-9.

[S38]　Shim W, Lee S W. An agile approach for managing requirements change to improve learning and adaptability. Journal of Industrial Information Integration, 2019, 14: 16-23.

[S39]　Nejati S, Sabetzadeh M, Arora C, et al. Automated change impact analysis between SysML models of requirements and design//International Symposium on Foundations of Software Engineering, Seattle, 2016.

[S40]　Xie H H, Yang J W, Chang C K, et al. A statistical analysis approach to predict user's chaning requirements for software service evolution. The Journal of Systems and Software, 2017, 132: 147-164.

[S41]　Jiang J J, Klein G, Wu S P J, et al. The relation of requirements uncertainty and stakeholder perception gaps to project management performance. The Journal of Systems and Software, 2009, 82: 801-808.

[S42]　Liu J Y, Chen H G, Chen C C, et al. Relationships among interpersonal conflict, requirements uncertainty, and software project performance. International Journal of Project Management, 2011, 29: 547-556.

[S43]　Jayatilleke S, Lai R, Reed K. A method of requirements change analysis. Requirements Engineering, 2018, 23: 493-508.

[S44]　Shafiq M, Zhang Q H, Akbar M A, et al. Effect of project management in requirements engineering and requirements change management processes for global software development. IEEE Access, 2018, 6: 25747-25763.

[S45]　Khan A A, Basri S, Dominic P D D, et al. A process model for requirements change management in collocated software development//IEEE Symposium on E-Learning, E-Management and E-Services, New York, 2012.

[S46]　Li Y L, Zhao W, Ma Y S. A shortest path method for sequential change propagations in complex engineering design processes. Artificial Intelligence for Engineering Design, Analysis and Manufacturing, 2016, 30: 107-121.

[S47]　Cafeo B B P, Cirilo E, Garcia A, et al. Feature dependencies as change propagators: an exploratory study of software product lines. Information and Software Technology, 2016, 69: 37-49.

[S48]　Zhang H, Li J, Zhu L M, et al. Investigating dependencies in software requirements for change propagation analysis. Information and Software Technology, 2014, 56: 40-53.

[S49]　Wynn D C, Caldwell N H M, Clarkson P J. Predicting change propagation in complex design workflows. Journal of Mechanical Design, 2014, 136: 1-13.

[S50]　Wang R C, Huang R B, Qu B B. Network-based analysis of software change propagation. The Scientific World Journal, 2014: 1-10.

[S51]　Morkos B, Mathieson J, Summers J D. Comparative analysis of requirements change prediction models: manual, linguistic, and neural network. Research in Engineering Design, 2014, 25: 139-156.

[S52]　Li Y L, Zhao W. An integrated change propagation scheduling approach for product design. Concurrent Engineering: Research and Applications, 2014, 22: 347-360.

[S53]　Niazi M, Hickman C, Ahmad R, et al. A model for requirements change management: implementation of CMMI level 2 specific practice//International Conference on Product-Focused Software Process Improvement, Berlin, 2008.

[S54]　Salado A, Nilchiani R. Fractionated space systems: decoupling conflicting requirements and isolating requirement change propagation//AAIA SPACE Conferences and Exposition, San Diego, 2013.

[S55]　Roy S, Bhattacharyaya S, Das P K. The effects of requirements changes on the development of E-learning products. Training & Management Development Methods, 2013, 27: 643-662.

[S56]　Nonsiri S, Coatanea E, Bakhouya M, et al. Model-based approach for change propagation analysis in requirements//IEEE International Systems Conference, Orlando, 2013.

[S57]　Ahn S, Chong K. Requirements change management on feature-oriented requirements tracing//International Conference on Computational Science and Its Applications, Berlin, 2007.

[S58]　Morkos B, Shankar P, Summers J. Predicting requirement change propagation, using higher order design structure matrices: an industry case study. Journal of Engineering Design, 2012, 23: 905-926.

[S59]　Li J, Zhu L M, Jeffery R. An initial evaluation of requirements dependency types in change propagation analysis//International Conference on Evaluation & Assessment in Software Engineering, Ciudad Real, 2012.

[S60]　Li J, Jeffery R, Fung K H. A business process-driven approach for requirements dependency analysis//International Conference on Business Process Management, Berlin, 2012.

[S61]　Lavazza L, Valetto G. Enhancing requirements and change management through process modelling and measurement//International Conference on Requirements Engineering, Schaumburg, 2000.

[S62]　Fu Y, Li M Q, Chen F Z. Impact propagation and risk assessment of requirement changes for software development projects based on design structure matrix. International Journal of Project Management, 2012, 30: 363-373.

[S63]　Bohner S A. Software change impact an evolving perspective//International Conference on Software Maintenance, New York, 2002.

[S64]　Chen C Y, Chen P C. A holistic approach to managing software change impact. The Journal of Systems and Software, 2009, 82: 2051-2067.

[S65]　Ibrahim N, Wan M N, Wan K, et al. Propagating requirement change into software high level designs towards resilient software evolution//Asia-Pacific Software Engineering Conference, Batu Ferringhi, 2009.

[S66]　Thakurta R. Impact of scope creep on software project quality. The XIMB Journal of Management, 2013, 10: 37-46.

[S67]　Lock S, Kotonya G. An integrated, probabilistic framework for requirement change impact analysis. Australasian Journal of Information Systems, 1999, 6: 38-63.

[S68]　Briand L C, Labiche Y, O'Sullivan L. Impact analysis and change management of UML models//International Conference on Software Maintenance, Eindhoven, 2003.

[S69]　Nurmuliani N, Zowghi D, Williams S P. Requirements volatility and its impact on change effort: evidence-based research in software development project//Australian Workshop on Requirements Engineering, Adelaide, 2006.

[S70]　Hassine J, Rilling J, Jacqueline H, et al. Change impact analysis for requirement evolution using use case maps//International Workshop on Principles of Software Evolution, Lisbon, 2005.

[S71]　Li Y, Li J, Yang Y, et al. Requirement-centric traceability for change impact analysis: a case study//International Conference on Software Process, Berlin, 2008.

[S72]　von Knethen A, Grund M. QuaTrace: a tool environment for (semi-) automatic impact analysis based on traces//International Conference on Software Maintenance, Amsterdam, 2003.

[S73]　Arora C, Sabetzadeh M, Goknil A. Change impact analysis for natural language requirements: an NLP approach//International Requirements Engineering Conference, Ottawa, 2015.

[S74]　Lin L, Prowell S J, Poore J H. The impact of requirements changes on specifications and state machines. Software:Practice and Experience, 2009, 39: 573-610.

[S75]　Sun X B, Leung H, Li B. Change impact analysis and changeability assessment for a change proposal: an empirical study. The Journal of Systems and Software, 2014, 96: 51-60.

[S76]　Goknil A, van Domburg R, Kurtev I. Experimental evaluation of a tool for change impact prediction in requirements models: design, results, and lesson learned//International Model-Driven Requirements Engineering Workshop, Karlskrona, 2014.

[S77]　Ten H D, Goknil A, Kurtev I, et al. Change impact analysis for SysML requirements models based on semantics of trace relations//The ECMDA Traceability Workshop, Enschede, 2009: 17-28.

[S78]　Lee W T, Deng W Y, Lee J, et al. Change impact analysis with a goal-driven traceability-based approach. International Journal of Intelligent Systems, 2010, 25: 878-908.

　　下面对这些文献进行初步研究与分析，表 2.17 中给出了所有 9 个相关术语的研究文献来源。

表 2.17　需求变更相关术语及文献来源

术语	研究文献
需求变更	S1, S2, S3, S5, S7, S9, S10, S11, S12, S13, S14, S15, S16, S17, S18, S19, S20, S21, S22, S23, S24, S25, S26, S27, S28, S29, S30, S31, S32, S33, S34, S35, S36, S37, S38, S39, S40, S43, S44, S45, S46, S47, S48, S49, S50, S51, S52, S53, S54, S55, S56, S57, S58, S59, S60, S61, S62, S63, S64, S65, S66, S67, S68, S69, S70, S71, S72, S73, S74, S75, S76, S77, S78
需求演化	S13, S19, S25, S31, S40, S70
需求易变	S3, S5, S6, S7, S9, S10, S11, S12, S13, S14, S18, S24, S26, S28, S30, S34, S55, S65, S66, S69, S71
需求不确定	S4, S9, S25, S34, S41, S42, S54, S65
需求蔓延	S3, S7, S8, S9, S12, S24, S28, S29, S31, S66, S78
需求不稳定	S3, S4, S6, S9, S10, S12, S25, S41, S42
需求多样	S4, S9, S41, S42
需求搅动	S3, S12, S24, S31
需求废弃	S12, S24

由于这些术语从不同视角描述需求变更以及变更的不同形态,在不同的文献中,作者会根据实际场景的需要选择使用,因而在分析总结这些文献时,为保留原作者的文献原文含义,下面也使用他们实际使用的术语进行分析和总结。

2.2　文献综述研究方法

本节综合 Kitchenham 和 Charters(2007)以及 Zhang 等人(2011)的文献综述方法,执行如图 2.1 所示的文献检索过程。

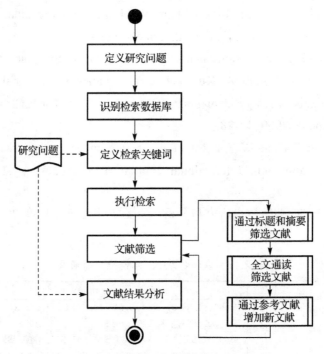

图 2.1　文献检索过程

在检索过程执行时围绕如下 4 个问题,制定检索策略。

(1)研究问题是什么? 与研究问题相关的检索关键词是什么?

(2)检索数据库是哪些? 对文献的哪一部分执行检索?

(3)检索文献的发表时间从什么时候起始,到什么时候终止?

(4)检索文献的质量如何评估? 是否将文献质量作为文献筛选的要求?

2.2.1　研究问题

本章文献综述的目标是研究软件需求变更与软件过程的相互影响关系以及对软

件质量的影响作用，因此，研究问题紧紧围绕软件需求变更，仅选取与软件过程和软件质量相关的文献，首先分析是否存在影响关系，其次总结需求变更管理的方法，最后统计研究所使用的辅助工具。具体研究问题如表 2.18 所示。

表 2.18　研究问题

研究对象	研究问题
软件需求变更对软件过程与软件质量的影响	研究问题 1：软件需求变更对软件过程是否存在相互影响关系？对软件质量是否存在影响作用？
	研究问题 1.1：软件需求变更与软件过程存在什么样的相互影响关系？
	研究问题 1.2：哪些质量属性会受到影响？
软件需求变更与软件过程的交互影响	研究问题 2：在分析软件需求变更与软件过程相互影响关系时使用了什么样的方法？这些方法的研究发展情况如何？
	研究问题 2.1：需求变更影响关系的识别、分析、优先级与追踪使用了什么样的方法？
	研究问题 2.2：文献推荐了什么样的方法应对软件需求变更问题？这些方法的研究发展情况如何？
研究工具	研究问题 3：在需求变更影响关系分析中使用了什么工具辅助分析工作？

2.2.2　检索策略

基于 2.1 节定义的 9 个需求变更相关术语，对 9 个数据库进行检索。首先，使用如下关键词，得到如表 2.19 所示的文献数量和比例。

```
("requirement* chang*" OR "changing requirement*") OR ("requirement*
evolution")
```

表 2.19　基于需求变更 RC 关键词的检索结果

编号	数据库	文献数量	文献比例
DB1	Scopus	167	13%
DB2	IEEE Xplore	242	19%
DB3	ACM digital library	57	4%
DB4	Science Direct	27	2%
DB5	ISI Web of Science	142	11%
DB6	EI Compendex	204	16%
DB7	Inspec	277	22%
DB8	SpringerLink	42	3%
DB9	Wiley InterScience	116	9%

再使用如下关键词，得到如表 2.20 所示的文献数量和比例。

```
"requirement* volatility" OR "requirement* creep" OR "requirement*
instability" OR "requirement* churn" OR "scope creep"
```

表 2.20　基于需求变更相关其他关键词的检索结果

编号	数据库	文献数量	文献比例
DB1	Scopus	187	14%
DB2	IEEE Xplore	258	20%
DB3	ACM digital library	76	6%
DB4	Science Direct	51	4%
DB5	ISI Web of Science	204	16%
DB6	EI Compendex	169	13%
DB7	Inspec	205	16%
DB8	SpringerLink	140	11%
DB9	Wiley InterScience	15	1%

1989 年，Kamayachi 和 Takahashi 首次使用实证研究方法得出程序规约变更频率对程序错误密度存在重要影响的结论(Kamayachi & Takahashi, 1989)。1991 年，Boehm 提出著名的软件十大风险因素，其中之一就是需求变更(Boehm, 1991)。1993 年，Harker、Tamai 和 Henry 等人探讨了需求变更与软件过程、软件质量关系(Harker et al., 1993; Tamai & Itou, 1993; Henry & Henry, 1993)，本章的文献检索起始日期从 1989 年开始，至 2018 年 6 月止。

2.2.3　文献选择

1. 文献选择标准

文献的选择需要对应表 2.18 定义的研究问题并且达到一定的质量标准，因此制定如下排除及纳入标准。

文献排除标准如下。

(1)变更非软件需求变更，例如，代码变更、组件变更、环境变化或者缺陷修复。

(2)非软件工程领域的需求变更，例如，市场需求变更、工作需求变更、制造需求变更、制药需求变更或健康需求变化等。

(3)仅研究软件需求变更或者需求变更影响,但此影响仅面向项目成本或进度等非软件过程与软件质量相关的因素。

(4)在会议发表后扩展到期刊发表的重复文献。

(5)没有明确的结论或新发现，没有实验、实证或案例研究。

(6)毕业论文和书籍。

经过上述排除标准筛选后得到的文献，再进一步使用如下纳入标准。

(1)文献的研究内容必须围绕软件需求变更，与软件过程或软件质量相关。

(2)至少采用一种实证研究方法，例如，案例研究、调研与面谈、实验、报告数据分析等。

基于上述文献排除及纳入标准，表 2.21 给出了文献质量评分标准。

表 2.21　文献质量评分标准

编号	质量评分标准
评分 1	明确讨论了贡献和方法/技术的局限性或实证研究的有效性威胁
评分 2	明确陈述了软件需求变更与软件过程的相关影响关系
评分 3	明确陈述了需求变更与软件过程相互作用对软件质量的影响
评分 4	研究结论的实证研究证据属于如下哪一个级别？ 1 级：有实证研究但无明确证据 2 级：通过示范或者示例获得的证据 3 级：通过调研或专家评估获得的证据 4 级：通过控制的实验案例获得的证据 5 级：在工业项目中通过实证案例获取的证据

表 2.21 中的每一项评分标准分值范围为 0~1，对于评分 1，如果文献明确阐述了贡献，讨论了方法/技术的局限性，并且依据实证研究证据进行有效性威胁分析，则评分为 1，如果提到但并没有明确的实证证据，则评分为 0.5，如果没有提到，则评分为 0。对于评分 2 和评分 3，用于评价文献面向需求变更对软件过程和软件质量的影响，如果是直接研究相关影响并给出证据，则评分为 1，否则降低评分，对于间接影响分析且没有直接证据，则评分为 0.5 或 0.75，如果仅提到存在影响关系，则评分为 0.25。对于评分 4，如果有实证研究，但无明确证据，则评分为 0.2。如果仅是通过实验的小示例或小示范给出证据，仅达到标准的 2 级，则评分为 0.4。如果达到标准的 3 级，证据来自专家评估或观察数据，则评分为 0.6，以此类推，4 级和 5 级的评分分别为 0.8 和 1.0。

2.　文献过滤

文献过滤流程分为 4 个步骤。

步骤 1：基于关键词检索数据库。

按照 2.2.2 节的检索策略，根据研究问题(表 2.18)，将需求变更相关的术语分为两组关键词，在 Scopus、IEEE Xplore、ACM digital library、Science Direct、ISI Web of Science、EI Compendex、Inspec、SpringerLink 和 Wiley InterScience 数据库中，对文献标题进行检索，检索时间范围为 1989 年到 2018 年 6 月的近 30 年间的相关文献。在 9 个数据库中，输入两组关键词进行检索后，首先按照上述文献的排除标准，去除无关文献，分别得到 1274 篇和 1305 篇文献。

步骤 2：基于标题/关键词/摘要的第一轮文献过滤。

按照本节上述文献选择的纳入标准，对步骤 1 初步过滤得到的文献，按照标题、关键词和摘要进行第一轮文献过滤，过滤后，符合纳入标准的文献分别为 637 篇和

230 篇，合并后去除重复文献，余下 473 篇文献，进入第二轮文献过滤。

步骤 3：基于文献全文的第二轮文献过滤。

在第二轮文献过滤中，更严格地按照文献纳入标准，对所有 473 篇文献进行全文通读，以确定是否纳入文献并进行分析和总结。经过严格过滤后，共有 70 篇文献符合纳入标准。

步骤 4：滚雪球扩展文献。

为了不遗漏重要文献，检查所有第二轮过滤得到的 70 篇文献中的参考文献，从中找出可能相关的文献，通过滚雪球扩展，共找出 8 篇文献，最终对 78 篇文献进行综述分析。

具体文献过滤流程如图 2.2 所示。

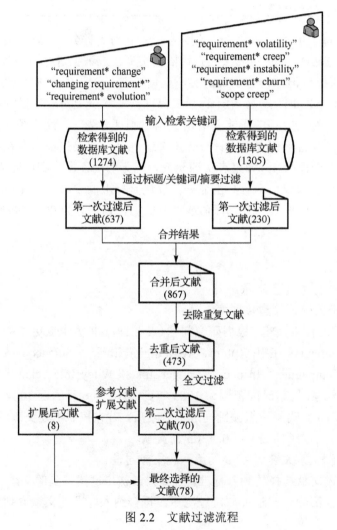

图 2.2　文献过滤流程

3. 数据抽取与合成分析

经过上述文献过滤，为了回答 2.2.1 节的研究问题，设计了如表 2.22 所示的数据抽取条目。

表 2.22　数据抽取条目

条目	描述	研究问题
年份	论文发表年份	文献统计
作者	文献作者	文献统计
标题	文献标题	文献统计
来源	文献来源刊物或会议名称	文献统计
来源类型	文献来源类型包括：期刊、会议、研讨会、书籍章节	文献统计
软件过程	软件过程	问题 1.1
软件质量属性	软件质量属性或子属性	问题 1.2
研究关注点	研究的关注点包括：影响关系识别、分析、优先级与追踪	问题 2.1
改进推荐	软件过程改进推荐	问题 2.2
实验方法	实验示例或示范、专家评估或观察、实验案例、工业项目数据、工业项目实证	问题 2
工具	研究过程中使用的辅助工具	问题 3
方法有效性	研究方法有关有效性的讨论	问题 1～3
方法局限性	研究方法有关局限性的讨论	问题 1～3
挑战	研究面临的挑战	问题 1～3

数据抽取完成后，按照研究问题，对抽取数据进行总结与分析。

2.3　研究现状总结与分析

本节分三个部分，首先，对文献的基本情况进行统计，包括：文献发表时间统计、发表来源统计、回答研究问题统计、文献质量评分、文献实证研究统计和文献中开发或使用工具的统计；接下来，对文献研究方法进行总结和分析，包括需求变更影响关系的识别、分析、优先级和追踪方法；最后，对软件需求变更影响的软件过程维度、对质量属性的影响以及变更引起的改进推荐进行总结和分析。

2.3.1　文献基本情况统计

首先，对文献发表时间进行统计，统计结果如表 2.23 所示，其中，2018 年仅统计了前半年的相关文献，文献 S38 在检索时已网络出版，但正式刊出时间是在 2019 年。

表 2.23　文献发表时间统计结果

年份	文献
1989 年	S1
1993 年	S2
1996 年	S4, S15
1998 年	S13
1999 年	S5, S7, S67
2000 年	S6, S19, S61
2001 年	S8, S29
2002 年	S9, S63
2003 年	S20, S21, S68, S72
2004 年	S10, S30
2005 年	S23, S25, S70
2006 年	S31, S69
2007 年	S57
2008 年	S14, S22, S24, S53, S71
2009 年	S3, S41, S64, S65, S74, S77
2010 年	S26, S27, S32, S78
2011 年	S12, S35, S42
2012 年	S11, S18, S33, S36, S45, S58, S59, S60, S62
2013 年	S28, S34, S54, S55, S56, S66
2014 年	S16, S48, S49, S50, S51, S52, S75, S76
2015 年	S73
2016 年	S17, S39, S46, S47
2017 年	S37, S40
2018 年	S38, S43, S44

　　由表 2.23 的统计结果可见，面向需求变更对软件过程影响的研究工作从 1989 年开始有一个逐步上升的趋势，在 2012 年～2014 年有一个高速发展时期，后期又逐渐减少，图 2.3 所示的折线图可清晰地看到此变化趋势。

　　接下来，对文献来源与来源类型进行统计，统计结果如表 2.24 所示，其中期刊类型文献有 41 篇，占 53%，会议类型文献有 37 篇，占 47%。在期刊中，IEEE Transactions on Software Engineering、Information and Software Technology、Requirements Engineering 和 The Journal of Systems and Software 发表了的相关文献有 17 篇，占期刊总发表量的 42%。而在会议中，ICSM(International Conference on Software Maintenance)、ICSE(International Conference on Software Engineering)和 RE(International Requirements Engineering Conference)发表了相关文献 13 篇，占会议总发表量的 35%。

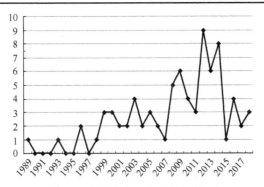

图 2.3　文献发表时间统计折线图

表 2.24　文献来源统计

文献来源	类型	文献	数量
ACM SIGSOFT Software Engineering Notes	期刊	S10	1
Artificial Intelligence for Engineering Design, Analysis and Manufacturing	期刊	S46	1
Australasian Journal of Information Systems	期刊	S67	1
Concurrent Engineering: Research and Applications	期刊	S52	1
Future Computing and Informatics Journal	期刊	S37	1
IEEE Access	期刊	S44	1
IEEE Transactions on Software Engineering	期刊	S1, S20, S31	3
Information & Management	期刊	S4	1
Information and Software Technology	期刊	S6, S17, S33, S47, S48	5
International Journal of Project Management	期刊	S42, S62	2
International Journal of Quality & Reliability Management	期刊	S18	1
International Journal of Intelligent Systems	期刊	S78	1
Journal of Engineering Design	期刊	S58	1
Journal of Industrial Information Integration	期刊	S38	1
Journal of Mechanical Design	期刊	S49	1
Journal of Software Engineering and Applications	期刊	S16	1
Journal of Software Maintenance and Evolution: Research and Practice	期刊	S12	1
Journal of Software Maintenance Research and Practice	期刊	S5	1
Requirements Engineering	期刊	S21, S32, S43	3
Research in Engineering Design	期刊	S36, S51	2
Science of Computer Programming	期刊	S24	1
Software-Practice and Experience	期刊	S74	1
The Journal of Systems and Software	期刊	S3, S8, S40, S41, S64, S75	6
The Scientific World Journal	期刊	S50	1
The XIMB Journal of Management	期刊	S66	1

续表

文献来源	类型	文献	数量
Training & Management Development Methods	期刊	S55	1
期刊发表总计			**41**
AAIA SPACE Conference and Exposition	会议	S54	1
APSEC（Asia-Pacific Software Engineering Conference）	会议	S9, S65	2
ASWEC（Australian Software Engineering Conference）	会议	S30	1
AWRE（Australian Workshop on Requirements Engineering）	会议	S69	1
Euromicro Conference	会议	S13	1
IEEE International Systems Conference	会议	S56	1
IS3E（IEEE symposium on E-Learning, E-Management and E-Services）	会议	S45	1
ACST（International Conference on Advances in Computer Science and Technology）	会议	S22	1
AAMAS（International Conference on Autonomous Agents and Multiagent Systems）	会议	S35	1
BPM（International Conference on Business Process Management）	会议	S60	1
CSD&M（International Conference on Complex Systems Design & Management）	会议	S34	1
ICCSA（International Conference on Computational Science and Its Applications）	会议	S57	1
CISIM（International Conference on Computer Information Systems and Industrial Management Application）	会议	S27	1
PROFES（International Conference on Product-Focused Software Process Improvement）	会议	S53	1
EASE（International Conference on Evaluation & Assessment in Software Engineering）	会议	S59	1
ICSM（International Conference on Software Maintenance）	会议	S15, S63, S68, S72	4
ICSP（International Conference on Software Process）	会议	S14, S71	2
ICSE（International Conference on Software Engineering）	会议	S2, S23, S25	3
MoDRE（International Model-Driven Requirements Engineering Workshop）	会议	S76	1
RE（International Requirements Engineering Conference）	会议	S7, S11, S19, S29, S61, S73	6
FSE（International Symposium on Foundations of Software Engineering）	会议	S39	1
EmpiRE（International Workshop on Empirical Requirements Engineering）	会议	S28	1
IWPSE（International Workshop on Principles of Software Evolution）	会议	S70	1
ECMDA-TW（The ECMDA Traceability Workshop）	会议	S77	1
HICSS（The Hawaii International Conference on System Sciences）	会议	S26	1
会议发表总计			**37**

　　在回答研究问题之前，首先统计了文献回答研究问题的情况，表 2.25 中"√"表示文献回答了对应的研究问题，"×"表示文献没有回答对应的研究问题。

表 2.25　文献回答研究问题的统计结果

文献	问题 1.1	问题 1.2	问题 2.1	问题 2.2	问题 3
S1	√	√	√	√	√
S2	√	√	√	√	×
S3	√	√	√	×	√
S4	√	√	√	√	√
S5	√	√	√	√	√
S6	√	√	√	√	√
S7	×	√	√	×	×
S8	√	√	√	×	√
S9	√	×	√	√	√
S10	×	√	√	√	√
S11	√	×	√	×	√
S12	√	×	√	√	√
S13	√	×	×	√	×
S14	√	×	√	×	√
S15	√	√	×	√	×
S16	√	×	×	√	×
S17	√	×	√	√	√
S18	√	√	√	√	√
S19	√	×	√	√	√
S20	√	×	√	√	√
S21	×	√	√	√	√
S22	√	×	×	√	×
S23	×	√	√	√	√
S24	×	√	√	√	√
S25	√	×	√	√	√
S26	√	×	√	√	√
S27	√	×	√	×	×
S28	√	×	√	√	×
S29	√	×	×	√	×
S30	√	×	√	√	×
S31	√	√	√	√	√
S32	√	√	√	√	×
S33	×	√	√	√	×
S34	√	×	√	√	×
S35	√	×	√	√	√
S36	√	√	√	√	×
S37	√	×	√	√	√
S38	√	×	√	√	√

文献	问题 1.1	问题 1.2	问题 2.1	问题 2.2	问题 3
S39	√	×	√	√	√
S40	√	×	×	√	√
S41	√	√	√	×	√
S42	√	√	√	×	√
S43	√	×	√	√	√
S44	√	√	√	√	×
S45	√	×	×	√	×
S46	√	×	√	√	√
S47	√	√	√	×	√
S48	√	×	√	×	×
S49	√	×	√	√	√
S50	√	√	√	√	√
S51	√	×	√	×	√
S52	√	×	√	√	√
S53	√	√	×	√	×
S54	√	×	√	√	×
S55	√	√	√	√	×
S56	√	×	√	×	×
S57	√	×	√	√	×
S58	√	×	√	√	×
S59	√	×	√	×	×
S60	√	×	√	×	×
S61	√	×	√	×	√
S62	√	√	√	√	×
S63	√	√	√	√	×
S64	√	×	√	×	√
S65	√	√	√	×	√
S66	√	√	√	√	√
S67	√	×	√	×	√
S68	√	×	√	√	√
S69	√	√	√	√	×
S70	√	×	√	×	√
S71	√	√	√	√	×
S72	√	×	√	√	√
S73	√	×	√	√	√
S74	√	√	√	√	√
S75	√	√	√	√	√
S76	√	×	√	×	√

续表

文献	问题 1.1	问题 1.2	问题 2.1	问题 2.2	问题 3
S77	√	×	√	√	√
S78	√	×	√	√	×

　　将表 2.25 的统计结果用柱状图表示如图 2.4 所示。由图 2.4 可见，文献回答研究问题 1.1 和问题 2.1 的比例分别高于和等于 90%，也就是说，绝大部分文献都研究了软件需求变更与软件过程的相互影响关系，并且对需求变更影响关系的识别、分析、优先级与追踪方法进行了相关研究。对于研究问题 1.2，相关文献比例最低，即面向需求变更对软件过程的影响，使哪些质量属性受到影响，相关文献仅有较少的相关研究结论，可以看出，这个研究问题相对难于给出结论，具体原因将在 2.3.3 节中进行总结和分析。对于研究问题 2.2 和问题 3，相关文献比例居中，处在 60%～75%，这两个研究问题分别研究文献推荐应对软件需求变更问题的解决方法和在需求变更影响关系分析中使用的工具，相关的比例说明：一半以上文献都给出了应对需求变更的解决方法，并使用或开发工具作为辅助，但仍然有 35% 左右的文献仅分析变更影响，而难于给出具体的解决方法，使用或开发工具就更加有难度，因此，相关问题还有待研究，相关工具也有待进一步开发。

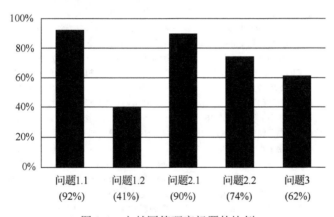

图 2.4　文献回答研究问题的比例

　　所有文献中开发或使用工具的文献总结如表 2.26 所示，在 78 篇文献中，有 51 篇文献提到了使用或开发相关工具辅助研究工作，占所有文献的 65%，其中，大部分工具用于建模、仿真、需求分析和统计分析。

　　虽然上述文献提到使用或开发工具，但通过总结和分析，这些工具能够起到的辅助作用相对有限，没有能够完整支持项目组完成需求变更管理工作的工具。

　　表 2.27 给出了文献按照表 2.21 的文献质量评分标准进行评分而得到的统计结果。

表 2.26　开发或使用工具

工具	文献	工具功能	关注点
建模与仿真工具	S1, S3, S6, S8, S11, S14, S18, S39, S49, S52, S65, S66, S70, S77	文献 S1 使用 Dynamo 建模软件过程仿真模型分析需求变更对软件过程性能的影响。文献 S3 基于系统动力学建立软件项目管理仿真工具仿真需求过程，分析需求易变对软件项目质量的影响。文献 S6 使用 Vensim 建立系统动力学仿真模型，仿真需求过程人力工作量投入对需求稳定性的影响。文献 S8 使用 SPARS（software project actualized risk simulator）建模软件项目风险仿真模型，分析软件开发风险因素对软件开发的影响。文献 S11 和 S14 使用 SimJava 建立软件过程离散事件仿真模型，分析需求易变对工作量和进度的影响。文献 S18 使用 iThink 建立系统动力学仿真模型，仿真质量保证活动中人力资源配置策略与软件过程新增需求模式间的关系，并依据模式选取最佳策略。文献 S39 使用 Enterprise Architect 对系统进行建模，基于此模型分析需求变更对设计的影响。文献 S49 使用 C_{AM}（Cambridge advanced modeller）建模设计过程的工作流网，并进行仿真分析。文献 S52 对变更传播进行仿真，分析变更对设计过程任务的影响。文献 S65 基于 GEM 工具开发需求变更传播过程建模工具，支持需求变更对软件设计影响的分析。文献 S66 使用系统动力学仿真工具对需求变更增长模式对质量确保活动有效性的影响进行建模与仿真。文献 S70 开发原型工具对基于用例图的需求变更影响进行分析。文献 S77 扩展用于系统建模语言建模的 BluePrint 工具，基于需求关系建立变更追踪关系，用于需求变更在模型这个层次的影响分析	建模、仿真、分析、优先级、追踪
需求分析工具	S5, S17, S19, S20, S21, S23, S35, S37, S38, S46, S47, S50, S51, S58, S61, S64, S67, S68, S72, S73, S74, S75, S76	文献 S5 使用 Mystic 管理需求和需求分类的优先级，辅助项目计划的制订。文献 S17 建模需求关联图，图信息记录为可追踪需求变更影响的表格形式。文献 S19 使用 SACHER 量化并追踪需求与需求变更。文献 S20 和 S21 使用 EBT 原型管理需求变更事件和需求影响的软件过程制品及系统性能，并追踪需求变更对制品和性能的影响关系。文献 S23 使用 GCT 识别需求变更与非功能需求间的关联关系，评估变更影响。文献 S35 和 S46 对变更传播进行分析，推荐变更或变更传播最佳设计任务路径。文献 S37 使用需求变更管理工具将需求变更加入已有模型，实现需求变更管理。文献 S38 使用影响关系图和 Kanban 图分别用于描述需求变更影响和管理变更实现任务。文献 S47 使用 CIDE 工具支持找出特征与源代码之间匹配关系，使用 GenArch+生成特征依赖矩阵。文献 S50 使用 Dependency Finder 建模软件的类依赖网络。文献 S51 用 MATLAB 建模需求变更预测模型。文献 S58 使用设计结构矩阵建模工具建模需求变更影响传播路径。文献 S61 扩展 DOORS，对变更成本和敏感性进行量化分析。文献 S64 通过建立软件过程制品间的链接关系对变更在制品间的传播影响进行分析。文献 S67 开发一个原型工具用于需求变更影响传播分析。文献 S68 开发一个原型工具用于 UML（unified modeling larguage）模型变更影响的分析和管理。文献 S72 集成一个需求管理工具 RequistitePro 和一个 CASE（computer aided software engineering）工具 Rhapsody 支持需求变更的分析和自动追踪。文献 S73 开发原型工具计算变更条件语句与其他需求的文本相似性，通过相似度高低确定变更传播的影响。文献 S74 开发一个原型工具基于需求规约对变更影响进行分析。文献 S75 开发变更影响分析工具对变更影响实体进行分析。文献 S76 开发了一个用于变更影响预测的工具	识别、分析、追踪、优先级
统计学工具	S4, S9, S10, S12, S25, S26, S31, S41, S42, S44, S61, S69	这些文献均使用统计学方法分析需求变更与影响因素之间的影响相关性	分析
其他	S24, S40	文献 S24 基于金融复利计算方法计算软件项目的需求易变率，比较不同阶段的易变率，详细给出易变率变化情况，以及是否超出可控范围。文献 S40 使用条件随机场模型计算工具辅助预测用户的变更需求	分析、追踪、预测

表 2.27　文献质量评分

文献	评分 1	评分 2	评分 3	评分 4	总分
S1	0.50	1.00	0.50	1.00	3.00
S2	0.50	1.00	0.50	0.60	2.60
S3	1.00	1.00	0.50	0.60	3.10
S4	1.00	1.00	0.50	0.60	3.10
S5	0.50	1.00	0.25	0.60	2.35
S6	1.00	1.00	0.25	0.20	2.45
S7	1.00	0.00	0.50	0.20	1.70
S8	0.50	1.00	0.50	0.60	2.60
S9	0.50	1.00	0.00	0.60	2.10
S10	0.50	0.00	0.50	0.60	1.60
S11	1.00	1.00	0.00	1.00	3.00
S12	1.00	1.00	0.00	0.60	2.60
S13	1.00	0.50	0.00	0.00	1.50
S14	0.50	1.00	0.00	0.00	1.50
S15	0.50	0.50	0.25	0.00	1.25
S16	0.50	0.50	0.00	0.60	1.60
S17	1.00	1.00	0.00	0.80	2.80
S18	1.00	1.00	0.50	0.00	2.50
S19	0.50	1.00	0.00	1.00	2.50
S20	1.00	1.00	0.00	0.80	2.80
S21	1.00	0.00	1.00	0.80	2.80
S22	0.50	1.00	0.00	0.00	1.50
S23	0.50	0.00	1.00	1.00	2.50
S24	0.50	0.00	1.00	1.00	2.50
S25	0.50	1.00	0.00	0.60	2.10
S26	1.00	1.00	0.00	0.60	2.60
S27	0.50	1.00	0.00	0.60	2.10
S28	1.00	1.00	0.00	0.60	2.60
S29	0.50	1.00	0.00	0.00	1.50
S30	1.00	1.00	0.00	0.60	2.60
S31	1.00	1.00	1.00	0.60	3.60
S32	0.50	1.00	1.00	1.00	3.50
S33	0.50	0.00	1.00	1.00	2.50
S34	0.50	1.00	0.00	0.25	1.75
S35	1.00	1.00	0.00	1.00	3.00
S36	0.50	1.00	1.00	0.20	2.70
S37	0.50	1.00	0.00	1.00	2.50
S38	0.50	1.00	1.00	0.4	2.90
S39	1.00	1.00	0.00	1.00	3.00

续表

文献	评分 1	评分 2	评分 3	评分 4	总分
S40	1.00	1.00	1.00	0.80	3.80
S41	1.00	1.00	1.00	0.60	3.60
S42	1.00	1.00	1.00	0.60	3.60
S43	0.50	1.00	0.25	0.40	2.15
S44	0.50	0.75	0.25	0.60	2.10
S45	0.50	1.00	0.00	0.00	1.50
S46	1.00	1.00	0.00	0.60	2.60
S47	1.00	0.25	0.25	0.40	1.90
S48	1.00	0.50	0.00	0.60	2.10
S49	0.50	1.00	0.25	1.00	2.75
S50	1.00	0.50	0.50	1.00	3.00
S51	1.00	0.50	0.00	0.80	2.30
S52	0.50	1.00	0.00	1.00	2.50
S53	0.50	1.00	0.25	0.60	2.35
S54	0.50	1.00	0.25	0.80	2.55
S55	0.50	1.00	0.25	0.60	2.35
S56	0.50	0.50	0.00	0.80	1.80
S57	0.50	1.00	0.00	0.80	2.30
S58	0.50	0.75	0.00	1.00	2.25
S59	1.00	0.50	0.00	0.60	2.10
S60	1.00	1.00	0.00	1.00	3.00
S61	0.50	1.00	0.00	0.40	1.90
S62	0.50	1.00	0.25	0.80	2.55
S63	0.50	0.50	0.25	0.40	1.65
S64	1.00	1.00	0.00	1.00	3.00
S65	0.50	1.00	0.50	0.80	2.80
S66	0.50	1.00	1.00	0.80	3.30
S67	0.50	0.50	0.00	0.40	1.40
S68	0.50	0.50	0.00	0.40	1.40
S69	1.00	0.50	0.50	1.00	3.00
S70	0.50	0.50	0.00	0.40	1.40
S71	0.50	0.50	0.50	0.80	2.30
S72	0.50	1.00	0.00	0.40	1.90
S73	0.50	1.00	0.00	0.60	2.10
S74	0.50	1.00	0.50	0.40	2.40
S75	1.00	1.00	0.50	1.00	3.50
S76	1.00	1.00	0.00	0.60	2.60
S77	0.50	1.00	0.00	0.40	1.90
S78	0.50	1.00	0.00	0.40	1.90

在表 2.26 中，有 34 篇文献的质量评分大于 2.5，其中，23 篇来自期刊，11 篇来自会议。加上评分在 2 到 2.5 之间的 24 篇文献，文献质量评分大于等于 2 的文献有 58 篇，占总文献数的 75%，从一定程度上说所选取文献总体质量是较高的。下面通过图 2.5 展示文献的质量评分统计情况和各项评分统计情况。

在图 2.5 的右图中，分别统计了 4 个评分项，评分 1 为满分的文献有 31 篇，占 40%，这些文献除了完整介绍研究方法或实证过程外，还分析了贡献、局限性或实证威胁，具有更高的参考价值，但同时也可以看出，其所占比例不足 50%，说明需求变更相关研究工作具有一定的难度。当然，由于选取文献主要面向需求变更对软件过程的影响研究，相对需求变更管理整个研究领域来说，软件过程研究工作本身具有一定难度，且研究成果相对难于获得，因此，目前很多研究成果仅反映了在此领域的研究进展，还有很多待研究工作需进一步开展。评分 2 为满分的文献有 55 篇，占 71%，这些文献明确陈述了软件需求变更与软件过程的相关影响关系。评分 3 为满分的文献仅有 12 篇，占 15%，较少的文献明确陈述了需求变更与软件过程相互作用对软件质量的影响。评分 4 大于 0.5 分的文献有 55 篇，占 71%，这些文献研究结论的实证研究证据至少是通过专家评估或调研得到，而其中通过详细案例实验研究的有 12 篇，占 15%，通过工业项目案例进行实证研究的有 18 篇，占 23%，下面对文献实证研究情况进行进一步统计。

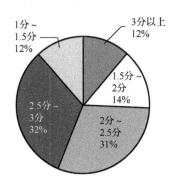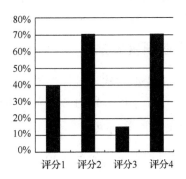

图 2.5 文献质量评分图

按照 2.2.3 节文献选择质量评分标准，54 篇文献在学术研究与实践上都取得了有意义的研究成果，占总文献数的 69%，其中，最多的研究工作是通过实验研究完成的，占 39%，其次是单个案例研究，占 33%，通过多个案例完成的研究占 20%。另外，在 78 篇文献中，13 篇文献仅完成了学术研究，占总文献数的 17%，其中 5 篇文献未使用实证研究方法，8 篇文献使用调研的方法进行实证研究研究；11 篇文献主要完成实践应用研究，其中 4 篇文献使用调研方法；18 篇文献使用单个案例完成研究；3 篇文献使用多个案例完成研究。具体文献实证研究统计如表 2.28 所示。

表 2.28　文献实证研究统计

研究与实践	文献
仅学术研究	
无实证研究	S13, S15, S22, S29, S30
实证研究(调研)	S3, S4, S5, S8, S9, S10, S12, S16
实践研究	
实证研究	
调研	S2, S25, S26, S27, S28, S31, S41, S42, S55, S76
多案例研究	S58, S69, S75
综合研究与实践	
实证研究	
调研	S44, S48, S53, S59
单案例研究	S6, S8, S11, S23, S32, S34, S35, S37, S38, S39, S46, S52, S54, S56, S57, S60, S61, S65
多案例研究	S1, S3, S19, S24, S33, S47, S49, S50, S51, S64, S73
实验研究	S7, S8, S14, S17, S18, S20, S21, S36, S40, S43, S62, S63, S66, S67, S68, S70, S71, S72, S74, S77, S78

在 78 篇文献中,绝大部分文献都开展了实证研究工作,仅有 5 篇文献没有提到实证研究工作。然而,通过总结已开展了实证研究工作的文献,其成果参差不齐,当然,需求工程领域的实证研究工作本来就具有一定的难度,加上研究对象是软件过程,这进一步增加了实证研究工作的难度。

2.3.2　文献研究方法

软件需求变更对软件过程的影响关系研究可以从识别、分析、优先级和追踪四个关注点入手,下面分别对各个关注点的研究内容进行总结和分析。

1. 需求变更影响识别

影响关系识别方法如表 2.29 所示。

表 2.29　影响关系识别方法

识别方法	文献
项目调研	S2, S3, S25, S30, S31
人工识别	S17, S36, S37, S38, S46, S47, S48, S52, S55, S57, S59, S63, S65, S67, S72, S78
统计方法	S27, S41, S42, S44, S69
依赖关系	S32, S33, S39, S43, S49, S50, S51, S54, S56, S58, S60, S61, S62, S64, S70, S71, S73, S75, S76, S77
其他	S23, S66, S68, S74

(1)项目调研。

Tamai 和 Itou[S2]通过对真实系统开发项目的调研,识别出因需求变更而引发的过程回溯案例。Ferreira 等人[S3]通过调研识别出需求易变对软件项目的返工存在影响。Ebert 和 de Man[S25]通过调研法国阿尔卡特电信公司的 246 个项目，发现需求不确定性对于项目延迟具有显著影响。Nurmuliani 等人[S30]基于对一个 ISO9001 认证的软件开发企业所开发的全球开发系统进行调研，收集其 78 份变更请求，识别软件过程易发生需求变更的阶段、变更原因以及变更管理过程存在的问题。Damian 和 Chisan[S31]对澳大利亚 Unisys 软件中心开发的一个历时 30 个月需求过程改进的项目进行调研，识别需求过程改进对需求变更、返工、交流、功能覆盖和项目预估的相关性影响。

（2）人工识别。

所有文献的需求变更影响由项目组的分析师、设计师、项目经理、需求工程师、用户或开发人员通过人工方式识别。

（3）统计方法。

Bhatti 等人[S27]对巴基斯坦软件产业的调研数据，使用统计学的描述性统计、Spearman 相关系数和回归分析方法识别需求易变的软件过程阶段，以及不同阶段间需求变更间的相关性。Liu 等人[S42]和 Jiang 等人[S41]使用相关性统计方法分析需求不确定性与项目利益相关者之间的关系，以及其对项目性能的影响。Shafiq 等人[S44]定义 Likert 三级度量表，使用基本的统计方法分析他们提出的需求变更管理框架中项目管理各个因素的影响。Nurmuliani 等人[S69]使用贡献度分析方法研究需求变更对软件开发工作量的影响关系。

（4）依赖关系。

Navarro 等人[S32]、Conejero 等人[S33]、Jayatilleke 等人[S43]、Wynn 等人[S49]、Morkos 等人[S51]、Salado 和 Nilchiani[S54]、Nonsiri 等人[S56]、Morkos 等人[S58]、Li 等人[S60]以及 Fu 等人[S62]均使用邻接矩阵、可追踪矩阵、依赖矩阵或设计结构矩阵建模需求变更影响的传播关系。Wang 等人[S50]通过分析软件类的依赖关系网络结构识别出变更影响大的模块。Lavazza 和 Valetto[S61]通过分析软件过程模型中活动相关的资源和制品，识别变更影响，与此类似，Chen 和 Chen[S64]也通过软件过程制品间的关联关系识别变更传播影响。Nejati 等人[S39]通过分析系统模型中元素间的依赖关系以及模型元素和变更请求的文本相似性，预测需求变更对设计元素的影响。相似地，Li 等人[S71]根据软件模块间的依赖关系以及需求变更与软件模块的文本相似性识别变更影响关系；Arora 等人[S73]通过识别变更需求中的传播条件语句，使用文本相似性度量方法识别变更对其他需求传播影响的可能性。Hassine 等人[S70]基于依赖分析方法对用例图中需求变更对系统的影响进行识别。Sun 等人[S75]基于形式化概念分析的变更影响分析方法识别并分析变更影响实体集合。Goknil 等人[S76]开发了一个工具，使用一阶逻辑定义需求关系，并基于此关系的形式化语义对需求变更对其他需求的影响进行预测识别。Ten 等人[S77]基于需求关系识别 SysML 模型中的变更追踪关系。

(5) 其他。

Cleland-Huang 等人[S23]使用信息获取方法建立 UML 模型与软目标依赖图模型中功能制品与非功能需求间的影响关系。Thakurta[S66]使用 Abdel-Hamid 的系统动力学模型描述需求变更对质量确保活动的影响。Briand 等人[S68]依据 UML 的特点提出需求变更检测规则用于识别变更在 UML 模型中的影响元素。Lin 等人[S74]通过分析需求规约对需求变更在规约中的变化影响进行识别。

由上述总结可看出,需求变更影响的识别大部分基于依赖关系识别或人工识别,在基于依赖关系识别时,主要基于软件过程制品间的依赖关系构建依赖矩阵,以支持后续分析工作。项目调研本质上也属于人工识别,但获取数据相对客观,是从项目监控过程中获取的数据,而人工识别通常基于识别人的主观经验。除此以外,还有少量研究通过统计方法或其他特定方法完成影响识别。从研究成果可看出,需求变更影响的识别由于软件过程制品的复杂关联关系及变更带来的不确定性而有一定的难度,还需进一步研究和解决。

2. 需求变更影响分析

需求变更影响分析方法主要包括仿真、统计、定量、调研和依赖关系分析方法,相关使用这类方法的文献统计如表 2.30 所示。

表 2.30　影响分析方法

分析方法	文献
系统动力学仿真	S1, S3, S6, S8, S18, S66
离散事件仿真	S11, S14, S34, S49, S52
统计学方法	S4, S5, S9, S10, S12, S25, S26, S31, S69
定量度量指标	S17, S61, S73
项目调研	S28, S30, S31, S55
依赖关系	S7, S19, S32, S33, S36, S37, S38, S39, S43, S46, S48, S50, S51, S54, S56, S57, S58, S60, S62, S63, S64, S65, S70, S71, S72, S75, S76, S77, S78
其他	S21, S23, S24, S35, S47, S67, S68, S74

(1) 系统动力学仿真。

系统动力学是一门分析研究信息反馈系统的学科,其分析解决问题的方法是定性与定量分析的统一,以定性分析为先导,定量分析为支持,从系统内部的机制和微观结构入手,剖析系统,进行建模,并借助计算机模拟技术分析研究系统内部结构与其动态行为的关系,以寻找解决问题的对策。因此,系统动力学模型可视为实际系统的实验室,特别适合于分析解决非线性复杂大系统的问题。表 2.31 对使用系统动力学方法的文献进行了总结。

表 2.31　系统动力学仿真

文献	年份	变更影响分析
S1	1989 年	需求变更不仅影响软件开发过程后期设计、实现、集成、测试和维护各个阶段，还对项目进度、人员配置和成本有影响
S3	2009 年	需求易变导致项目返工及单位功能点缺陷的增加
S6	2000 年	需求易变影响软件过程活动，在需求过程中投入更多的人力工作量可以稳定需求，提升质量
S8	2001 年	需求蔓延与进度压力的因果关系导致软件过程纪律缺失，导致软件缺陷产生率提高
S18	2012 年	软件过程中，新增需求模式与投入质量保证活动、人力资源配置策略之间存在仿真关联关系，按照模式选取合适的策略可以提高质量，保证活动的错误检测率
S66	2013 年	线性下降的需求变更增长趋势使质量确保活动具有较高的有效性

（2）离散事件仿真。

离散事件仿真就是根据事件在离散的时间点上变化的规律，来预测系统变化的方法。与系统动力学方法不同的是，在一个离散系统中，找到时间点来标注系统的变化，这些时间点在时间轴上是离散而非连续的，而系统状态仅在离散的时间点上发生变化。表 2.32 总结了使用离散事件仿真方法的文献。

表 2.32　离散事件仿真

文献	年份	影响分析结果
S11	2012 年	需求易变导致工作量增加和进度延迟
S14	2008 年	需求易变导致工作量增加和进度延迟
S34	2013 年	需求变更在设计中导致返工的概率增加
S49	2014 年	变更及变更传播对设计过程的进度延迟及返工造成风险
S52	2014 年	仿真变更传播，分析变更对设计任务的影响

（3）统计学方法。

Nidumolu[S4]通过调研 64 个项目，使用卡方检验分析不确定需求与过程性能和产品性能之间的相关性。Stark 等人[S5]使用散点图展现需求变更与工作量、进度和风险的关系，并采用回归分析方法，通过历史数据预测需求变更对项目进度的延迟影响。Zowghi 和 Nurmuliani[S9]使用方差极大旋转评估需求易变度量数据的结构有效性，其中每一个维度用信度系数检验测试其可靠性信度，主成分分析方法用于创建需求易变关键变量，关联及逻辑回归用于评估需求易变对进度和成本的影响，多因素回归分析用于需求工程实践与需求易变的关联关系分析。Javed 等人[S10]使用卡方检验对 4 个软件项目的 30 个发布产品，分析发布前后需求变更与软件缺陷的相关性。Ferreira 等人[S12]使用统计学显著性 t-检验方法分析需求易变与软件过程要素的关系，得出软件过程成熟度与需求易变呈反比关系，需求工程活动中的过程技术与需求易变存在相关性，其中，重用需求、使用需求分析建模方法、结构化评审有利于控制需求易变，人类学方法和原型方法会增加需求易变性。Ebert 和 de Man[S25]通过调研法国阿尔卡特电信公司的 246 个项目，使用卡方检验分析所提出的过程四要素对因需求不确定性导致项目延迟的影响。Thakurta 和 Ahlemann[S26]通过调研 11 位德国高级软件项目经理以及以 Web 形式收集的有效 82 分调查问卷，分析软件过程模型选择与需求易变的相关性，以及软件过程成熟度与管理需求变更的相关性。Damian 和 Chisan[S31]使用卡方检验分析需求过程改进影响的显著性。Nurmuliani 等人[S69]使用贡献度分析方法分析需求变更对软件开发工作量的影响。

(4)定量度量指标。

Ali 和 Lai[S17]基于需求关联图计算需求变更影响的节点，并定义量化度量指标用于计算需求变更的影响。Lavazza 和 Valetto[S61]通过分析软件过程模型中活动相关的资源和制品，量化变更影响成本及其敏感性。Arora 等人[S73]通过识别变更需求中的传播条件语句，使用文本相似性度指标分析变更向其他需求传播影响的大小。

(5)项目调研。

Anitha 等人[S28]通过西门子公司的 5 个全球软件开发项目，分析在传统 V 模型中增加敏捷 Scrumming 方法，采用技术及非技术需求管理策略，对于减缓需求易变问题的执行情况，并总结出最佳实践。Nurmuliani 等人[S30]基于对一个 ISO9001 认证的软件开发企业所开发的全球开发系统进行调研，通过分析其 78 份变更请求，提出变更管理过程改进建议。Damian 和 Chisan[S31]对澳大利亚 Unisys 软件中心开发的一个历时 30 个月需求过程改进的项目进行调研，分析需求过程改进的影响。Roy 等人[S55]通过对印度 5 个 E-learning 系统的需求易变性调研，分析需求易变性对软件过程模型的影响。

(6)依赖关系。

基于依赖关系分析，大部分工作对变更影响关系的传播进行研究。Lavazza 和 Valetto[S19]采用集成软件过程与软件产品模型，并扩展需求变更影响度量的方法，分析需求变更对软件过程活动和活动生成制品的影响，对每一个因变更影响的活动度量其预估成本。Ahn 和 Chong[S57]基于软件制品与特征间的追踪链接关系分析变更影响。Malaiya 和 Denton[S7]在基于软件失效满足非齐次泊松过程且软件可靠性随时间严格递增的假设条件下，构造一个示例分析需求易变对缺陷密度的影响。Yang 和 Duan[S36]基于参数链接关系构建需求变更网络，通过变更传播路径分析变更影响。Lloyd 等人[S37]将需求变更扩展至特征模型，构建特征树，并开发辅助工具通过管理特征树追踪需求变更影响。Shim 和 Lee[S38]也使用建模方法——扩展的影响关系图和 Kanban 图进行变更影响分析。Nejati 等人[S39]通过分析系统模型中元素间的依赖关系以及模型元素和变更请求的文本相似性，预测需求变更对设计元素的影响。Li 等人[S46]使用最短路径方法找出耗时最短的变更传播路径，并使用敏感性分析方法计算变更在设计任务间传播的影响。Wang 等人[S50]通过分析软件类的依赖关系网络结构识别出变更影响大的模块。Chen 和 Chen[S64]通过分析变更在软件过程制品间的传播分析变更影响。Ibrahim 等人[S65]通过对软件产品和变更传播过程进行建模，分析在软件演化过程中需求变更向软件设计的影响传播。Hassine 等人[S70]基于依赖分析方法对用例图中需求变更对系统的影响进行分析。Li 等人[S71]基于变更与软件制品间的依赖关系分析变更影响。von Knethen 和 Grund[S72]基于软件制品间的表示、细化和依赖关系构建追踪关系，通过开发一个集成需求管理工具和一个 CASE 工具的集成工具对追踪关系反映的变更影响关系进行分析。Sun 等人[S75]基于形式化概念分析的变更影响分析方法识别并分析变更影响实体集合。Goknil 等人[S76]开发了一个工具，使用一阶逻辑定义需求关系，并基于此关系的形式化语义对需求变更对其他需求的影响进行分析。Ten 等人[S77]基于需求关系建立 SysML 模型中的变更追踪关系，用于分析在 SysML 模型中需求变更对其他需求或设计制品的影响。

另外一些工作使用依赖矩阵辅助分析。Navarro 等人[S32]基于追踪矩阵分析需求变更对软件设计的依赖关系影响，通过决策软件设计的执行顺序，减少耦合关系的影响。Conejero 等人[S33]面向软件产品线，构造关注点与用例之间的依赖矩阵（一类特殊的追踪矩阵），通过度量需求变更与关注点的分散与纠缠指标之间的相关性，分析需求变更影响。Jayatilleke 等人[S43]基于依赖矩阵分析变更与变更之间、变更与功能需求之间的影响关系。Salado 和 Nilchiani[S54]通过依赖矩阵分析变更传播对设计的影响。Nonsiri 等人[S56]基于邻接矩阵描述的需求变更关系分析变更影响传播路径及影响的直接与间接关系。Morkos 等人[S58]分析两个工业项目案例后，提出使用设计结构矩阵建模需求变更，通过找出变更的间接影响传播有利于变更解决决策制定及成本估算。Li 等人[S60]将业务过程模型中活动之间的关系与需求依赖关系进行映射，构造依赖矩阵，识别变更传播路径和变更类型，用于变更影响分析。Fu 等人[S62]使用设计结构矩阵分析需求变更对软件架构的影响。Bohner[S63]通过识别变更对软件过程制品的影响，构建变更影响关联图，使用关联矩阵、可达矩阵分析变更影响。Lee 等人[S78]使用设计结构矩阵建立需求变更追踪关系，用于需求变更影响分析。

此外，Zhang 等人[S48]基于工业界专家意见进行需求依赖关系分析，而 Morkos 等人[S51]基于人工、语言和神经网络方法预测需求变更的传播，并进行三种方法的比较。

(7) 其他。

Cleland-Huang 等人[S21]基于事件追踪方法提出面向需求变更的系统性能影响分析方法。Cleland-Huang 等人[S23]使用概率网络模型计算需求变更对非功能需求影响的相关性概率。Kulk 和 Verhoef[S24]使用金融复利计算方法计算需求易变率，分析需求易变率对软件项目失败的影响关系。Cafeo 等人[S47]使用条件概率分析特征依赖与变更传播的关系。Dam 和 Winikoff[S35]基于事件定义多个修复计划选项，分析因需求变更而引发的设计模型不一致影响。Lock 和 Kotonya[S67]集成 5 个基于经验的需求变更影响分析方法，用于预测影响传播路径。Briand 等人[S68]定义变更影响规则用于分析变更在 UML 模型中的影响元素。Lin 等人[S74]通过使用状态机建模和管理需求变更在规约中的变化影响。

需求变更影响分析工作是需求变更影响识别工作的后续工作,由于需求变更识别工作多采用依赖关系进行变更影响的识别,因此,后续分析工作也多基于依赖关系进行分析。少量工作使用了过程建模与仿真方法,例如,系统动力学或离散事件仿真,这些方法相对于依赖关系分析,由于要对整个软件过程进行建模、验证以及采集数据后仿真,相对工程量投入要大很多,所以,采用这些方法的文献相对较少,但其结果针对仿真目标提供了较为有价值的建议。

3. 需求变更影响优先级

在需求变更影响识别与分析的基础上,需求变更影响优先级分析方法基于变更影响确定优先处理的变更请求,具体使用方法如表 2.33 所示。

表 2.33　变更影响优先级

优先级方法	文献
系统动力学仿真	S1, S8, S18, S66
统计学方法	S31, S69
依赖关系	S32, S39, S50, S56, S62, S71, S75
成本度量	S35, S46
优化方法	S36, S52
人工判定	S37, S43
其他	S26, S57, S68, S73

(1)系统动力学仿真。

Lin 和 Levary[S1]建立系统动力学仿真模型,结合专家系统和知识管理系统,分析软件过程对内部和外部因素的敏感性,通过运行仿真模型决策最优的项目管理行动、策略和流程。Houston 等人[S8]针对 29 个软件开发风险因素中的 6 个因素进行分析,通过系统动力学模型仿真得出需求蔓延是对软件项目影响最大的风险因素。Thakurta 和 Suresh[S18]建立系统动力学仿真模型,在仿真软件过程中新增需求模式与质量保证活动、人力资源配置策略间的关联关系,并通过仿真找出对应模式应采用的最优配置策略。Thakurta[S66]使用系统动力学建模与仿真方法分析需求变更增长模式对质量确保活动有效性的影响,给出不同项目使用不同模式的不同有效性排序结果。

(2)统计学方法。

Damian 和 Chisan[S31]根据卡方检验分析需求过程改进影响的显著性对需求过程改进活动的影响进行排序。Nurmuliani 等人[S69]基于贡献度分析方法分析不同需求变更属性(变更数量、影响文档数量、需求变更来源和变更过类型)对软件开发工作量的影响。

（3）依赖关系。

Navarro 等人[S32]基于追踪矩阵分析需求变更对软件设计的依赖关系影响，通过决策软件设计的执行顺序，减少耦合关系的影响。Nejati 等人[S39]通过分析系统模型中元素间的依赖关系以及模型元素和变更请求的文本相似性，预测需求变更对设计元素影响的排序值。Wang 等人[S50]通过分析软件类的依赖关系网络结构识别出变更影响大的模块，进行优先处理。Nonsiri 等人[S56]基于需求变更传播路径确定变更影响的直接和间接关系，以表示影响关系的优先顺序。Fu 等人[S62]使用设计结构矩阵分析需求变更对软件架构的影响，通过变更影响风险辅助架构设计选择及设计模块重组决策。Li 等人[S71]基于需求变更的风险确定变更优先级，此变更风险本质上是变更影响软件制品的比例。Sun 等人[S75]基于形式化概念分析的变更影响分析方法识别并分析变更影响实体集合，并使用变更影响实体的比例辅助确定实现变更的优先级，对于影响比例小的变更予以优先处理，对于影响比例过大的变更予以否决。

（4）成本度量。

Dam 和 Winikoff[S35]通过计算多项修改计划的成本，按照成本度量值对修复计划进行优先级排序。实现需求变更选择不同的实现路径，就存在不同的时间和成本，Li 等人[S46]提出最短路径和敏感性分析方法找出变更影响的设计任务实现最佳路径。

（5）优化方法。

Yang 和 Duan[36]根据变更传播路径定义效率优先、成本优先、无耦合优先和邻近优先的 4 个传播路径分支优先级策略，以确定优先处理的变更分支。Li 和 Zhao[S52]使用遗传算法优化变更影响的设计任务的安排。

（6）人工判定。

Lloyd 等人[S37]需要人工判定需求变更优先级。Jayatilleke 等人[S43]基于需求变更的难度等级设定变更优先级。

（7）其他。

Thakurta 和 Ahlemann[S26]通过调研 11 位德国高级软件项目经理以及以 Web 形式收集的有效 82 分调查问卷，分析软件过程模型选择与需求易变的相关性，得到的结论是合适应对需求易变的软件过程模型是柔性高的过程模型，敏捷、迭代递增或原型模型分别是柔性高的前三个模型。Ahn 和 Chong[S57]基于需求的价值、风险和工作量确定其优先级。Briand 等人[S68]依据变更元素和变更影响元素在 UML 中的距离给出变更影响的优先级。Arora 等人[S73]通过识别变更需求中的传播条件语句，使用文本相似性度指标分析变更向其他需求传播影响的大小。

分析需求变更优先级的方法相对较少，由于需求变更影响的识别和分析工作多基于依赖关系进行研究，确定需求变更影响的优先级也主要基于依赖关系。总体而言，虽然需求变更优先级的确定具有明确的实际意义，项目组可以根据优先级确定变更实施的顺序，但由于变更不断发生，特定时间确定的优先级很快就会因新的变更产生而需要调整,另外,优先级分析得到的结果也存在是否可靠的问题。因此,相关研究工作需要新的研究方法能够适应不断提出的新变更请求。

4. 需求变更影响追踪

需求变更的影响在整个软件过程中会向多个实体传播,对影响的传播进行追踪有助于管理需求变更,相关文献在影响关系追踪上的工作如表 2.34 所示。

表 2.34　影响关系追踪

追踪方法	文献
过程仿真	S1, S49
关联关系	S17, S36, S39, S48, S57, S59, S61, S64, S65, S72, S77
基于事件追踪	S19, S20, S21
追踪矩阵	S32, S33, S43, S56, S63, S76, S78
其他	S23, S24, S37, S67, S71, S74

(1)过程仿真。

Lin 和 Levary[S1]建立软件全生命周期过程的系统动力学仿真模型,追踪需求变更对设计、实现、集成、测试和维护各个阶段的影响。Wynn 等人[S49]通过过程仿真追踪变更起源需求所影响而需要返工的设计过程任务。

(2)关联关系。

Ali 和 Lai[S17]基于需求关联图中节点间的关联关系追踪需求变更对需求、模块、全球软件开发站点、不同文化组和变更所需资源的影响。Yang 和 Duan[S36]根据软件参数链接关系定义变更传播网络,通过变更传播路径追踪变更影响关系。Nejati 等人[S39]通过分析系统模型中元素间的依赖关系以及模型元素和变更请求的文本相似性,追踪需求变更对设计元素的影响。Zhang 等人[S48]和 Li 等人[S59]基于需求依赖关系进行需求追踪。Ahn 和 Chong[S57]通过软件工程制品与软件特征的关联关系构建需求追踪链接。Lavazza 和 Valetto[S61]通过分析软件过程模型中活动相关的资源和制品,追踪变更影响。Chen 和 Chen[S64]通过变更在软件过程制品间的传播进行变更影响追踪。Ibrahim 等人[S65]通过对软件产品和变更传播过程进行建模,分析在软件演化过程中需求变更向软件设计的影响传播。von Knethen 和 Grund[S72]基于软件制品间的表示、细化和依赖关系构建追踪关系。Ten 等人[S77]基于需求关系建立 SysML 模型中的变更追踪关系,用于分析在 SysML 模型中需求变更对其他需求或设计制品的影响。

(3)基于事件追踪。

Lavazza 和 Valetto[S19]集成软件过程与软件产品模型,对需求变更影响的软件过程活动和活动生成制品进行追踪。Cleland-Huang 等人[S20]基于发布订阅范型改进事件追踪方法,支持在需求变更时使用事件追踪方法实现变更与软件过程制品间影响关系的追踪,同样基于事件追踪方法追踪变更对系统性能的影响关系[S21]。

（4）追踪矩阵。

Navarro 等人[S32]和 Conejero 等人[S33]使用追踪矩阵或改进追踪矩阵，记录需求与其他需求、环境接口和约束之间的依赖关系，或与软件设计之间的相互影响关系。Jayatilleke 等人[S43]利用依赖矩阵进行变更影响的追踪。Nonsiri 等人[S56]使用邻接矩阵描述需求变更影响传播路径可用于变更追踪。Bohner[S63]使用关联矩阵分析软件过程制品间变更的可追踪关系。Goknil 等人[S76]开发了一个工具，使用追踪矩阵对需求变更来源和影响进行追踪。Lee 等人[S78]使用设计结构矩阵建立并追踪需求变更影响关系。

（5）其他。

Cleland-Huang 等人[S23]基于信息获取方法构建功能制品与非功能需求间的关联关系，使用概率网络模型动态追踪需求变更对非功能需求影响的相关性概率。Kulk 和 Verhoef[S24]计算软件全生命周期过程中的需求易变率，追踪软件过程期间易变率的变化情况以及需求变更的可控可管理性。Lloyd 等人[S37]开发辅助工具对分布式敏捷开发过程中的需求变更进行追踪管理。Lock 和 Kotonya[S67]集成 5 个基于经验的需求变更影响分析方法，基于潜在可追踪性链接、行为模型、变更影响记录和经验数据对变更传播进行追踪。Li 等人[S71]使用文本相似性方法计算需求与软件代码间的相似性，通过相似性排序构建追踪矩阵进行变更追踪。Lin 等人[S74]基于对需求规约的分析追踪需求变更。

需求变更影响的追踪与优先级分析工作相似，大多基于依赖关系进行，且存在同样的问题，需要能够应对需求变更的不断提出。

2.3.3　软件需求变更影响的软件过程维度

软件过程定义了一个包括活动、方法、实践、开发与维护软件的相关变换和相关产品集合。如果一个组织的软件过程是成熟的，意味着在这个组织中，软件过程被良好地定义并在整个组织中贯彻执行（Paulk et al., 1993）。在分析软件需求变更对软件过程的影响时，按照软件过程性能、软件过程活动、软件过程改进、软件过程制品和软件过程模型 5 个维度（表 2.35）开展文献总结与分析。

表 2.35　软件过程维度

软件过程维度	文献
软件过程性能	S1, S3, S4, S5, S6, S8, S9, S11, S12, S14, S18, S25, S36, S41, S42, S49, S75
软件过程活动	S27, S39, S43, S46, S48, S50, S51, S52, S54, S58, S59, S62, S66, S67, S68, S69, S70, S73, S76
软件过程改进	S13, S15, S16, S17, S30, S31, S38, S40, S44, S53, S57
软件过程制品	S20, S32, S35, S47, S56, S63, S64, S71, S72, S74, S77, S78
软件过程模型	S2, S19, S22, S26, S28, S29, S34, S37, S45, S55, S60, S61, S65

（1）软件过程性能。

Lin 和 Levary[S1]提出一个包含软件过程仿真模型、输入专家系统、输出专家系统和知识管理系统构成的混合专家仿真系统，基于空间站软件项目构建仿真模型，并通过一个航天飞机软件的历史数据调校模型，实现软件过程组件间关系影响分析和预测。Ferreira 等人[S3]首先通过调研得出需求易变会导致软件项目的返工，并通过建立系统动力学的软件需求过程仿真模型分别对需求无变更和需求易变的两个案例进行仿真，发现需求易变对项目进度、成本和缺陷密度这三个软件过程性能属性存在明显的影响。Nidumolu[S4]通过调研 64 个项目，使用主成分分析方法创建关键变量，使用卡方检验分析不确定需求与过程性能和产品性能各维度之间的相关性，得出不确定需求与过程性能间存在相关性，需求不确定性增加会降低过程性能。不确定需求与产品性能之间虽然没有显著相关性，但不确定需求增加的风险会降低产品性能。Stark 等人[S5]通过收集 7 个软件的 44 个发布产品数据，使用回归分析方法，分析出需求变更导致项目进度延迟，进而增加成本以及影响软件维护质量，建议理解需求变更来源和阶段、对需求和需求分类进行分优先级管理。使用系统动力学建立需求易变对软件过程影响的仿真模型，Pfahl 和 Lebsanft[S6]发现在需求过程中增加人力工作量的投入可以提高软件需求稳定性，并通过仿真得到最优投入工作量，用于指导需求过程的改进以提升质量。Houston 等人[S8]通过系统动力学仿真软件开发过程，分析出对软件项目影响最大的风险因素是需求蔓延，并且需求蔓延与软件项目进度压力存在因果关系，导致软件过程纪律缺失，引发更高的缺陷产生率。Zowghi 和 Nurmuliani[S9]通过调研澳大利亚的 430 个软件开发企业，收集到 52 份调研问卷数据，使用统计学方法分析得到需求易变对项目进度延迟和成本增加的影响。Wang 等人[S11]和 Liu 等人[S14]使用 SimJava 对软件过程进行离散事件仿真建模，分析需求易变对软件过程工作量和进度的影响，分析结果显示需求变更会直接导致工作量增大和进度延迟。Ferreira 等人[S12]通过调研 300 名软件项目经理及开发人员，收集数据对软件过程要素与需求易变的相关性进行分析。Thakurta 和 Suresh[S18]分析新增需求模式与质量保证活动中人力资源分配策略间的系统动力学仿真关系，发现在质量保证活动中配备超额的人力资源有利于软件过程后期新增需求的模式，而控制人力资源在一个固定的数量水平，对于在软件过程早期新增需求、整个软件过程持续新增需求以及过程中期新增需求这三类模式，则显示出较好的质量保证活动错误检测效率。Ebert 和 de Man[S25]对法国阿尔卡特电信公司的 246 个项目进行实地研究，提出需求不确定性导致项目延迟，针对延迟风险提出一个参考过程，包括：建立利益相关者核心团队，执行严格的产品生命周期各阶段审查，监控追踪需求，执行需求阶段评审，项目实地研究，通过将上述三至四项过程元素组合使用，引入软件过程，可以减少项目延迟。Yang 和 Duan[S36]面向软件设计过程和构建过程提出搜索变更传播路径的方法，并连同变更传播模式提出变更传播过程。当变更发生，基于变更传播路径分析变更传播影响，以判定变更传播过程是继续还是终止。Liu 等人[S42]分析需求不确定性与意见冲突的关系，以及对软件项目性能的影响。与他们的工作类似，Jiang 等人[S41]分析需求不确定性与项目利益相关者认知差异的关系对项目进度及工作量的影响。Wynn 等人[S49]对设计过程进行建模仿真，分析变更及变更传播对设计过程的影响，辅助解决变更可能带来的项目延期或返工风险。Sun 等人[S75]通过对三个开源软件的实证研究分析变更影响分析，发现可以提升变更实现过程的有效性，并且让变更更易于实现。

（2）软件过程活动。

Bhatti 等人[S27]通过调研巴基斯坦的软件产业，使用统计学方法分析出需求变更最多的软件过程阶段是维护阶段，需求分析阶段提出的需求变更与设计阶段提出的需求变更相关，设计阶段提出的需求变更与测试阶段提出的需求变更相关。而Jayatilleke 等人[S43]指出应在软件过程尽量早期的阶段解决需求变更问题。Nejati 等人[S39]通过分析系统模型中元素间的依赖关系以及模型元素和变更请求的文本相似性，预测需求变更对设计元素的影响。Li 等人[S46]提出一个最短路径算法找出变更在相互依赖的设计任务之间传播的最短时间路径，减少变更开销，从而减少受影响的设计任务。Li 等人[S59]通过一个工业案例评估需求依赖类型，基于已有依赖类型定义不清晰等问题提出一组依赖类型和相关的变更模式，用于变更传播分析。在此基础上，Zhang 等人[S48]提出新的需求依赖模型，解决因依赖而影响的软件工程活动，包括：项目计划、架构设计和变更影响分析。Wang 等人[S50]构建软件的类依赖关系网络，通过分析网络结构找出对软件可靠性影响大的变更模块，以分配更多的测试资源优先处理这些模块。Morkos 等人[S51]、Li 和 Zhao[S52]、Salado 和 Nilchiani[S54]以及 Morkos 等人[S58]都研究了需求变更对设计过程的影响。Fu 等人[S62]使用设计结构矩阵分析需求变更对软件架构的影响。Thakurta[S66]使用系统动力学建模和仿真方法对四种需求变更增长模式对于软件质量确保活动的影响进行建模仿真，分析质量确保活动的有效性。Lock 和 Kotonya[S67]集成 5 个基于经验的需求变更影响分析方法，用于预测影响传播路径。Briand 等人[S68]提出基于 UML 元素变更对需求变更影响进行分析。Nurmuliani 等人[S69]基于需求易变性研究需求变更对软件开发工作量的影响，通过对两个工业案例的研究分析，得出影响软件开发工作量需要考虑的变更类型主要是软件开发后期新需求的增加，另外，针对修复缺陷、产品策略或遗漏需求等提出的变更请求相对需要更多的工作量。Hassine 等人[S70]基于依赖分析方法对用例图中需求变更对系统的影响进行分析。Arora 等人[S73]通过使用自然语言文本相似性度量方法分析需求与需求间的变更影响传播。Goknil 等人[S76]开发了一个工具，使用一阶逻辑定义需求关系，并基于此关系的形式化语义对需求变更对其他需求的影响进行分析。

(3) 软件过程改进。

Lam 和 Shankararaman[S13]提出管理需求变更的五个过程改进实践：采用变更改进框架、建立全组织变更过程、分类变更、变更估计和度量变更改进。相类似，Bohner[S15]提出将变更影响分析引入软件过程，提供变更可视化及更精确的变更估计。Minhas 等人[S16]将需求变更管理框架引入全球软件开发过程。同样，Ali 和 Lai[S17]将构建需求关联图和变更影响度量的需求变更管理引入全球软件开发过程，并组织一个由学生构成的模拟团队，确认需求变更管理的引入确实可以有效辅助全球开发团队管理需求变更。Nurmuliani 等人[S30]基于对一个 ISO9001 认证的软件开发企业所开发的全球开发系统进行调研，收集其 78 份变更请求，通过分析软件过程易发生需求变更的阶段、变更原因以及变更管理过程存在的问题，提出改进变更管理过程的建议。Damian 和 Chisan[S31]对澳大利亚 Unisys 软件中心开发的一个历时 30 个月需求过程改进的项目进行调研，提出需求过程改进有利于管理需求变更、控制需求蔓延和搅动、提升生产力、提高质量和有效管理风险。Shim 和 Lee[S38]将学术界提出的需求工程技术、业务分析领域的需求工程技术和敏捷及精益社区的方法结合起来，提出一种轻量级的敏捷方法管理需求变更。Xie 等人[S40]使用条件随机场模型辅助引入用户的变更需求，并提出基于此需求变更引入技术软件演化过程。Shafiq 等人[S44]提出面向全球软件开发的需求变更管理框架，其中对管理过程进行了细化。Niazi 等人[S53]构建一个需求变更管理过程模型，实现 CMMI（capability maturity model intergration）二级指定的实践。Ahn 和 Chong[S57]提出面向特征的需求变更管理过程。

(4) 软件过程制品

需求变更直接影响软件过程的制品，包括模型、文档、源代码、测试用例和可执行文件等，Cleland-Huang 和 Chang[S20]提出改进事件追踪方法持续更新需求变更对软件过程制品影响的追踪。Navarro 等人[S32]基于追踪矩阵提出语义耦合分析方法，分析软件设计对于需求变更影响的敏感性，并通过语义解耦减少需求变更的影响。Dam 和 Winikoff[S35]面向软件维护中需求变更带来设计模型不一致问题，提出在 BDI（belief-desire-intention）代理架构下，使用事件触发计划提供变更选项，修复设计模型不一致问题。Cafeo 等人[S47]研究特征依赖与变更传播的关系以驱动维护工作多偏向于那些重要的依赖。Nonsiri 等人[S56]使用 SysML 建模软件高层需求并将其转换为邻接矩阵，分析需求变更的影响传播。Bohner[S63]通过识别变更对软件过程制品的影响，构建变更影响关联图，分析变更影响。Chen 和 Chen[S64]分析变更对软件过程制品，包括软件本身、需求、文档和数据的影响。Li 等人[S71]基于变更对软件制品的影响程度确定对变更采取的应对措施。von Knethen 和 Grund[S72]基于软件制品间追踪关系分析和管理需求变更影响。Lin 等人[S74]通过分析需求规约对需求变更在规约中的变化影响进行分析。Ten 等人[S77]基于需求关系建立 SysML 模型中的变更追踪关系，用于分析在 SysML 模型中需求变更对其他需求或设计制品的影响。Lee 等人[S78]通过识别目标和用例间的满足关系建立需求变更追踪关系，并基于追踪关系对变更影响的需求和用例进行分析。

（5）软件过程模型。

Tamai 和 Itou[S2]通过调研两个真实的采用瀑布过程模型的业务应用系统开发项目，识别出其中因需求变更而分别产生 111 个和 196 个过程回溯案例，并提出灵活可逆的过程模型有利于应对需求变更问题。Lavazza 和 Valetto[S19]集成软件过程与软件产品模型，扩展需求变更影响度量，提出面向模型追踪与度量过程的需求与变更量化管理方法。Imtiaz 等人[S22]总结相关文献中提出的需求变更管理过程模型的缺陷，提出完善的需求变更管理过程模型，支持需求变更管理。Thakurta 和 Ahlemann[S26]通过调研 11 位德国高级软件项目经理以及以 Web 形式收集的有效 82 分调查问卷，分析软件过程模型选择与需求易变的相关性，结论是选择合适需求易变的过程模型是选择具备柔性的过程模型，软件过程成熟度达到二级及以上的都有需求变更管理计划。Anitha 等人[S28]通过西门子公司的 5 个全球软件开发项目，分析在传统 V 模型中增加敏捷 Scrumming 方法，采用技术及非技术需求管理策略，对于减缓需求易变问题的执行情况，总结出最佳实践。Carter 等人[S29]扩展传统演化模型，引入风险管理和能力成熟度模型二级关键过程域，提出集风险分析与消解的演化原型，以解决需求蔓延带来的负面影响。Fernandes 等人[S34]面向需求变更对设计过程的影响，提出需求驱动建模框架，分析需求变更对复杂系统设计过程的影响，并使用离散事件蒙特卡罗仿真方法分析设计中需求变更产生的返工影响。Lloyd 等人[S37]针对分布式敏捷开发过程中需求变更带来的挑战，修改特征模型，构建特征树并开发辅助工具，以辅助需求变更过程的管理。Khan 等人[S45]在分析已有需求变更管理过程模型基础上，提出在软件开发过程中融入需求变更管理过程模型，模型由变更请求、确认、拒绝、打包、实现、验证和更新 7 个核心阶段构成。Roy 等人[S55]基于对印度 5 个 E-learning 系统需求易变性的研究提出瀑布模型、螺旋模型、极限编程等软件过程模型的最小化需求易变性方法。Li 等人[S60]将业务过程模型中活动之间的关系与需求依赖关系进行映射并基于依赖关系分析需求变更影响。Lavazza 和 Valetto[S61]通过分析软件过程模型中活动相关的资源和制品关系分析变更影响。Ibrahim 等人[S65]通过对软件产品和变更传播过程进行建模，分析在软件演化过程中需求变更向软件设计的影响传播。

对于需求变更影响软件过程的 5 个维度都有相关研究，并且各研究比例较为均衡，即在需求变更对软件过程的影响中，软件过程的各个方面都受到影响，都需要开展相关研究工作。同时，在对上述文献的总结和分析中，可以看到部分文献还提到软件需求变更与软件过程相互作用对软件质量产生影响，下面以 ISO/IEC 25010 中的软件质量属性为基础，总结提到的软件质量如表 2.36 所示。

表 2.36　软件质量属性

质量属性	文献
功能适用性	
功能完整性	S36
功能正确性	S1, S3, S7, S8, S10, S18, S36
性能	S21, S23
时间性能	S4
易用性	S4, S23
可靠性	S1, S3, S4, S7, S8, S10, S18, S31, S50, S66, S74, S75
可维护性	S2, S4, S5, S15, S31, S36, S47, S55
可修改性	S23, S33
安全性	S23, S32, S74
自适应性	S54
精确性	S23
稳定性	S6, S33, S36
项目风险	S24, S31, S36, S49, S62, S69, S71

虽然，已有研究工作对软件质量属性都提到存在影响，但几乎没有文献给出明确的研究方法和解决方法，当然，软件是软件过程的制品，软件质量只有在软件过程执行完成后才能对软件进行度量而得到，并且，随着变更的不断提出，软件质量也处于变化中，因此，这个方向的研究难于提出有效的研究和解决方法。不过，为应对软件需求变更，所有文献都从不同角度提出不同的改进建议，表 2.37 总结了从软件过程改进、变更影响预测、项目管理、依赖关系管理这几个方向的改进推荐。

表 2.37　改进推荐

推荐	文献
软件过程改进	S2, S4, S5, S9, S10, S12, S13, S15, S16, S17, S19, S22, S25, S26, S28, S29, S30, S31, S34, S38, S45, S53, S55, S57
变更影响预测	S5, S39, S40, S51, S65, S73
项目管理	S6, S18, S24, S37, S44, S49, S66, S69, S74
依赖关系管理	S20, S21, S32, S33, S35, S36, S43, S46, S47, S48, S50, S52, S58, S59, S60, S61, S63, S64, S67, S70, S71, S72, S75, S76, S78
其他	S1, S54, S56, S62, S68, S77

（1）软件过程改进。

Tamai 和 Itou 等人[S2]提出采用灵活可逆的过程模型有利于应对需求变更问题。

Nidumolu[S4]认为在整个组织实施标准化输出控制，包括监控项目各个阶段，每个阶段必须完成其阶段里程碑和相应文档，并审核每个里程碑，有利于提升过程性能。Stark 等人[S5]建议理解变更来源与变更提出的阶段、对需求和需求分类进行优先级的分级，并开发相应的辅助工具辅助制订项目计划，合理管理需求变更。Zowghi 和 Nurmuliani[S9]使用多因素回归分析方法分析需求易变与需求工程实践间的相关关系，推荐使用已定义的需求分析与建模方法并执行需求检测，以改善需求稳定性。Javed 等人[S10]建议保证充分的设计时间和交流以降低需求易变性。Ferreira 等人[S12]建议提高软件过程成熟度、重用需求、使用需求分析建模方法和结构化评审，以辅助改善需求易变性。Lam 和 Shankararaman[S13]提出管理需求变更的五个过程改进实践：采用变更改进框架、建立全组织变更过程、分类变更、变更估计和度量变更改进。Bohner[S15]提出将变更影响分析引入软件过程，提供变更可视化及更精确的变更估计。Minhas 等人[S16]将需求变更管理框架引入全球软件开发过程。同样，Ali 和 Lai[S17]也将需求变更管理引入全球软件开发过程。Lavazza 和 Valetto[S19]基于集成软件过程与软件产品模型，研究了面向模型追踪与度量需求变更对过程活动和活动制品的影响。Imtiza 等人[S22]将本体引入需求变更管理过程建模，增加需求变更相关角色、活动和制品，以及活动输入和输出条件，并增加反馈循环，支持需求变更管理。Ebert 和 de Man[S25]对法国阿尔卡特电信公司的 246 个项目进行实地研究，提出需求不确定性导致项目延迟，针对延迟风险提出一个参考过程，包括建立利益相关者核心团队，执行严格的产品生命周期各阶段审查，监控追踪需求，执行需求阶段评审，通过项目实地研究，通过将上述三至四项过程元素组合使用引入软件过程，实施软件过程改进，可以减少项目延迟。Thakurta 和 Ahlemann[S26]指出软件组织的软件过程成熟度在二级及以上的就有需求变更管理的计划，有利于应对需求易变性问题，而选择柔性高的软件过程模型也有利于应对需求易变性问题。Anitha 等人[S28]通过西门子公司的 5 个全球软件开发项目，分析在传统 V 模型中增加敏捷 Scrumming 方法，采用技术及非技术需求管理策略，对于减缓需求易变问题的执行情况，并总结最佳实践给出软件过程改进的推荐。Carter 等人[S29]同样扩展传统演化模型，引入风险管理和能力成熟度模型二级关键过程域，提出集风险分析与消解的演化原型，以解决需求蔓延带来的负面影响。Nurmuliani 等人[S30]基于对一个 ISO9001 认证的软件开发企业所开发的全球开发系统进行调研，收集其 78 份变更请求，通过分析软件过程易发生需求变更的阶段、变更原因以及变更管理过程存在的问题，提出变更管理过程改进建议。Damian 和 Chisan[S31]指出需求过程改进有利于管理需求蔓延、控制需求搅动、减少缺陷和返工、提升生产力、提高质量和有效管理风险。Fernandes 等人[S34]提出需求驱动的建模框架，面向需求变更建模设计过程，通过合理架构设计过程，消解需求变更的影响。Shimh 和 Lee[S38]将传统需求工程方法融合入敏捷方法。Khan 等人[S45]在分析已有需求变更管理过程模型基础上，提出在软件开发过程中融入需求变更管理过程模型，模型由变更请求、确认、拒绝、打包、实现、验证和更新 7 个核心阶段构成。Niazi 等人[S53]构建一个需求变更管理过程模型，实现 CMMI 二级指定的实践。Ahn 和 Chong[S57]提出面向特征的需求变更管理过程。Roy 等人[S55]基于对印度 5 个 E-learning 系统需求易变性的研究提出瀑布模型、螺旋模型、极限编程等软件过程模型的最小化需求易变性方法。

(2) 变更影响预测。

Stark 等人[S5]使用线性回归方法构建需求易变影响项目进度的模型，通过预测影响关系，推荐合理的需求变更。Xie 等人[S40]使用条件随机场模型预测用户的变更需求。Morkos 等人[S51]预测需求变更传播对设计过程的影响。Nejati 等人[S39]通过分析系统模型中元素间的依赖关系以及模型元素和变更请求的文本相似性，预测需求变更对设计元素的影响。Ibrahim 等人[S65]通过对软件产品和变更传播过程进行建模，预测在软件演化过程中需求变更向软件设计的影响传播。Arora 等人[S73]通过使用自然语言文本相似性度量方法分析需求与需求间的变更影响传播。

(3) 项目管理。

Pfahl 和 Lebsanft[S6]提出在软件过程的需求过程中增加人员工作量投入，可以降低需求易变率。Thakurta 和 Suresh[S18]针对需求在软件过程不同阶段新增变更的模式，制定最优质量保证过程的最佳人力资源配置策略，可以提高错误检出率。Kulk 和 Verhoef[S24]提出项目管理中将需求易变率控制在一个安全的范围内，可以防止软件项目失败。Lloyd 等人[S37]将需求变更管理加入特征模型，构造特征树，辅助需求变更过程的管理。Shafiq 等人[S44]面向全球软件开发提出需求变更管理过程框架，分析其中项目管理的重要性。Wynn 等人[S49]通过建模与仿真设计过程，分析变更及变更传播对设计过程的影响，识别影响较大的特定任务、信息流或者资源，辅助项目避免项目延迟或返工风险。Thakurta[S66]使用系统动力学建模和仿真方法对四种需求变更增长模式对于软件质量确保活动的影响进行建模仿真，分析质量确保活动的有效性，从而指导项目经理对需求变更请求的发布进行管理，以使质量确保活动具有最大有效性。Nurmuliani 等人[S69]基于需求易变性研究需求变更对软件开发工作量的影响，通过对两个工业案例的研究分析，得出影响软件开发工作量需要考虑的变更类型主要是软件开发后期新需求的增加，另外，针对修复缺陷、产品策略或遗漏需求等提出的变更请求相对需要更多的工作量。Lin 等人[S74]通过分析需求规约对需求变更在规约中的变化影响进行分析，在保留原始规约的同时将变更加入新规约，辅助递增软件开发。

(4) 依赖关系管理。

为管理需求变更对软件过程制品[S20]和系统性能[S21]的影响，Cleland-Huang 等人基于事件追踪方法，在需求变更时使用事件追踪方法实现变更与软件过程制品和系统性能间影响关系的追踪。Navarro 等人[S32]基于追踪矩阵记录需求与其他需求、环境接口和约束之间的依赖关系，减少依赖关系可以减少需求变更与软件设计之间的相互依赖影响关系。Conejero[S33]通过研究发现需求变更与关注点的分散与纠缠指标之间存在正向相关性，通过减少关注点与用例间的依赖关系，提高模块独立性，可以减少需求变更的影响，同时保证软件的可修改性和稳定性。由于需求与设计以及设计模型之间的依赖关系，当需求变更发生时，其变更会传播至设计模型，导致设计模型不一致，Dam 和 Winikoff[S35]提出基于事件驱动的修复计划，面向变更传播依赖分析提出解决的变更选项。Yang 和 Duan[36]提出变更传播路径检索方法，按照变更传播影响提出解决变更策略。Jayatilleke 等人[S43]使用依赖矩阵分析需求变更与变更、系统功能需求以及与过程活动间的依赖或影响关系。变更在设计任务间产生相互影响的依赖关系传播，Li 等人[S46]提出一个最小路径方法找出变更传播的最短时间传播路径，减少变更耗时长带来的传播影响。根据 Cafeo 等人[S47]的研究，特征依赖与变更传播存在关系，并且变更传播与特征在依赖网络中的距离线性相关，但通过特征依赖并不能得到变更传播的对应分布，因此，特征依赖属性的分析是变更传播分析的核心工作。Zhang 等人[S48]和 Li 等人[S59]通过定义合理的需求依赖关系帮助分析变更传播影响及需求依赖对软件工程过程的影响。Wang 等人[S50]通过软件类的依赖关系分析，找出变更影响大的模块优先处理。Li 和 Zhao[S52]通过分析需求变更对设计任务的影响，合理安排设计任务。Morkos 等人[S58]分析两个工业项目案例后，提出使用设计结构矩阵建模需求变更，找出变更的间接影响传播有利于提高变更解决决策制定及成本估算。Li 等人[S60]将业务过程模型中活动之间的关系与需求依赖关系进行映射，并基于依赖关系分析需求变更影响。Lavazza 和 Valetto[S61]通过分析软件过程模型中活动相关的资源和制品，量化变更影响成本及其敏感性。Bohner[S63]通过识别变更对软件过程制品的影响，构建变更影响关联图，分析变更影响。Chen 和 Chen[S64]分析变更对软件过程制品，包括软件本身、需求、文档和数据的影响。Lock 和 Kotonya[S67]集成 5 个基于经验的需求变更影响分析方法，用于预测影响传播路径。Hassine 等人[S70]基于依赖分析方法对用例图中需求变更对系统的影响进行预测和评估。Li 等人[S71]基于变更对软件制品的影响程度确定对变更采取的应对措施。von Knethen 和 Grund[S72]基于软件制品间的追踪关系指导项目需求工程师、项目规划工程师和维护人员对需求变更的影响进行分析和管理。Sun 等人[S75]通过对三个开源软件的实证研究分析得到结论：变更影响分析可以提升变更实现过程的有效性，并且让变更更易于实现，而其核心即对依赖关系的分析和管理。Goknil 等人[S76]开发了一个工具，使用一阶逻辑定义需求关系，并基于此关系的形式化语义对需求变更对于其他需求的影响进行分析。Lee 等人[S78]基于需求变更影响关系分析需求变更对需求和用例的影响，辅助变更实现的决策。

（5）其他。

Lin 和 Levary[S1]将专家系统和知识管理系统结合到系统动力学仿真模型，按照仿真结果推荐合适的软件过程要素，例如，人力资源配置、总体和各个阶段的成本与进度配置等，或者给出过程修改的推荐。Salado 和 Nilchiani[S54]通过分级方法最小化需求冲突和限制需求变更影响范围控制变更传播的影响。Nonsiri 等人[S56]基于需求依赖构建邻接矩阵，分析需求变更影响的不同传播关系，包括直接影响和间接影响，并分析变更传播路径。Fu 等人[S62]使用设计结构矩阵分析需求变更对软件架构的影响，通过变更影响分析辅助架构设计选择及设计模块的重组。Briand 等人[S68]提出基于 UML 元素变更对需求变更影响进行分析和管理。Ten 等人[S77]基于需求关系建立 SysML 模型中的变更追踪关系，用于分析在 SysML 模型中需求变更对其他需求或设计制品的影响，并通过影响传播的分析对模型进行对应变更。

2.4　小　　结

本章通过收集软件需求变更和变更管理相关文献，从中筛选出需求变更与软件过程及对软件质量影响的相关文献进行研究、分析与总结。首先，通过需求变更相关检索关键词在 Scopus 和 Google Scholar 数据库中检索已发表的相关文献综述，通过检索，有 9 篇相关文献综述，剔除质量低下的 1 篇文献综述，对余下 8 篇文献进行总结和分析，发现目前没有探讨需求变更对软件过程影响的综述，另外，找到 8 个与需求变更相关的术语。接下来，使用所有 9 个需求变更相关术语在 9 个学术文献数据库中进行文献检索，时间覆盖 1989 年～2018 年，经过初步筛选并去除重复文献后，总计收集到 575 篇文献，其中与软件过程相关文献总计 78 篇。接下来综合使用 Kitchenham 和 Charters(2007) 和 Zhang 等人(2011) 的文献综述方法，对这 78 篇文献进行了总结和分析，通过分析得出以下三项结论。

（1）对需求变更影响软件过程的研究工作自 1989 年开始，有逐渐上升的趋势，在 2012 年～2014 年期间达到了一个高峰时期，后续则呈现减弱的趋势，根据文献的总结和分析，相关研究方法从早期的多样化，到后期逐渐形成了几类主流的方法，在 2015 年后由于没有新的研究方法产生，已有的方法也已达到研究饱和状态，因此，呈现了研究减少的现象，但从已获得研究成果看，此项研究工作还未取得成熟而可以普遍推广使用的成果，相关研究工作需进一步开展。

（2）在 78 篇文献中有 51 篇文献提到使用或开发工具，占总文献数的 65%，但通过总结和分析，这些工具能够起到的辅助作用相对有限，没有能完整支持项目组完成需求变更管理工作的工具。然而，开发支持工具是非常重要的，只有基于工具的自动化管理，才能更有效地管理好需求变更，因此，如何开发支持工具或集成多个支持工具仍是有待研究的工作。

（3）需求变更影响的研究工作大部分基于软件过程制品的依赖关系开展识别、分析、优先级和追踪工作，但由于变更随时在发生，相关的研究工作需要适应快速的变化以提供不断的变更影响分析。另外，针对软件过程这个研究对象，虽然过程建模、验证和仿真工作量较大，但其分析成果对于项目组制定决策可以提供相对较为有效的辅助。另外，需求变更对软件过程的所有维度都产生影响，因此，可进一步开展对需求变更影响软件过程的研究工作。

综上所述，面向需求变更进行软件过程改进的研究工作相对困难，究其原因，主要有两个方面的问题。一方面是需求变更不断发生，新提出的变更请求会改变已有变更影响分析结果，因此，在面向需求变更进行软件过程改进研究之前，应对需求变更本身以及不断变化的变更影响进行分析。另一方面是软件过程及软件过程改进研究存在研究周期长和涉及面广的问题，加上需求变更不断发生，因此，需要使用过程仿真建模方法，通过不断校准仿真模型来仿真预测不同过程管理政策、行动或决策的可能结果，从而提出有效的软件过程改进推荐。基于上述分析，接下来对需求变更本身及不断变化的变更影响进行研究，再根据相关研究成果使用过程仿真方法提出面向需求变更的软件过程改进推荐。

参 考 文 献

Ajila S A. 2002. Change management: modeling software product lines evolution//The 6th World Multiconference on Systemics, Cybernetics and Informatics, Orlando.

Akbar M A, Nasrullah D, Shameem M, et al. 2018. Investigation of project administration related challenging factors of requirements change management in global software development: a systematic literature review//International Conference on Computing, Electronic and Electrical Engineering, Quetta.

Alam K A, Ahmad R, Akhunzada A, et al. 2015. Impact analysis and change propagation in service-oriented enterprises: a systematic review. Information Systems, 54: 43-73.

Alsanad A, Chikh A. 2015. The impact of software requirement change: a review. New Contributions in Information Systems and Technologies, 353: 803-812.

Bano M, Imtiaz S, Ikram N, et al. 2012. Causes of requirement change:a systematic literature review//The 16th International Conference on Evaluation & Assessment in Software Engineering, Ciudad Real.

Bhatti M W, Hayat F, Ehsan N, et al. 2010. An investigation of changing requirements with respect to development phases of a software project. Computer Information Systems and Industrial Management Application, 323-327.

Boehm B W. 1983. Software Engineering Economics. Englewood Cliffs: Prentice Hall.

Boehm B W. 1991. Software risk management: principles and practices. IEEE Software, 8: 32-41.

Boehm B W. 2008. Making a difference in the software century. IEEE Computer, 41: 32-38.

Bohner S A. 1996. Impact analysis in the software change process: a year 2000 perspective//

International Conference on Software Maintenance, Monterey.

Carter R A, Antón A I, Dagnino A, et al. 2001. Evolving beyond requirements creep: a risk-based evolutionary prototyping model//International Symposium on Requirements Engineering, Toronto.

Chua B B, Verner J. 2010. Examing requirements change rework effort: a study. International Journal of Software Engineering & Application, 1: 48-64.

Curtis B, Krasner H, Iscoe N. 1988. A field study of the software design process for large systems. Communications of the ACM, 31: 1268-1287.

Damian D, Chisan J. 2006. An empirical study of the complex relationships between requirements engineering processes and other processes that lead to payoffs in productivity, quality, and risk management. IEEE Transactions on Software Engineering, 32: 433-453.

Dev H, Awasthi R. 2012. A systematic study of requirement volatility during software development process. International Journal of Computer Science Issues, 9: 527-533.

Ebert C, de Man J. 2005. Requirements uncertainty: influencing factors and concrete improvements// International Conference on Software Engineering, Saint Louis.

El E K, Holtje D, Madhavji N H. 1997. Causal analysis of the requirements change process for a large system//International Conference on Software Maintenance, Bari.

Fernandes J, Silva A, Henriques E. 2013. Modeling the impact of requirements change in the design of complex systems//International Conference on Complex Systems Design & Management, Berlin.

Ferreira S, Collofello J, Shunk D, et al. 2009. Understanding the effects of requirements volatility on software engineering by using analytical modeling and software process simulation. The Journal of Systems and Software, 82: 1568-1577.

Ghosh S M, Sharma H R, Mohabay V. 2011. Study of impact analysis of software requirement change in SAP ERP. International Journal of Advanced Science and Technology, 33: 95-100.

Haney F M. 1972. Module connection analysis: a tool for scheduling software debugging activities//Fall Joint Computer Conference, New York.

Harker S D P, Eason K D, Dobson J E. 1993. The change and evolution of requirements as a challenge to the practice of software engineering//IEEE International Symposium on Requirements Engineering, San Diego.

Henry J, Henry S. 1993. Quantitative assessment of software maintenance and requirements volatility// ACM Conference on Computer Science, New York.

Hewitt J, Rilling J. 2005. A light-weight proactive software change impact analysis using use case maps//IEEE International Workshop on Software Evolvability, Budapest.

Hussain W, Zowghi D, Clear T, et al. 2016. Managing requirements change the informal way: when saying 'No' is not an option//The 24th IEEE International Requirements Engineering Conference, Beijing.

Inayat I, Salim S S, Marczak S, et al. 2015. A systematic literature review on agile requirements engineering practices and challenges. Computers in Human Behavior, 51: 915-929.

Järvenpää E, Torvinen S. 2013. Capability-based approach for evaluating the impact of product requirement changes on the production system//The 23rd International Conference on Flexible Automation & Intelligent Manufacturing, Montpellier.

Javed T, Maqsood M, Durrani Q S. 2004. A study to investigate the impact of requirements instability on software defects. ACM SIGSOFT Software Engineering Notes, 9: 1-7.

Jayatilleke S, Lai R. 2018. A system review of requirements change management. Information and Software Technology, 93: 163-185.

Jones C. 1996. Strategies for managing requirements creep. IEEE Computer, 6: 92-94.

Jönsson P, Lindvall M. 2005. Impact Analysis//Engineering and Managing Software Requirements. Heidelberg: Springer, 117-142.

Kamayachi Y, Takahashi M. 1989. An empirical study of a model for program error prediction. IEEE Transactions on Software Engineering, 15: 82-86.

Kitchenham B, Charters S. 2007. Guidelines for performing systematic literature reviews in software engineering. Evidence Based Software Engineering Technical Report.

Kitchenham B, Dyba T, Jorgensen M. 2004. Evidence-based software engineering//The 26th International Conference on Software Engineering, Edinburgh.

Kobayashi A, Maekawa M. 2001. Need-based requirements change management//The 8th IEEE International Conference and Workshop on the Engineering of Computer Based Systems, Washington.

Kotonya G, Sommerville I. 1998. Requirements Engineering: Processes and Techniques. New York: Wiley.

Kulk G P, Verhoef C. 2008. Quantifying requirements volatility effects. Science of Computer Programming, 72: 136-175.

Lam W, Shankararaman V, Jones S, et al. 1998. Change analysis and management: a process model and its application within a commercial setting//IEEE Workshop on Application-Specific Software Engineering Technology, Richardson.

Lavazza L, Valetto G. 2000a. Enhancing requirements and change management through process modelling and measurement//The 4th International Conference on Requirements Engineering, Schaumburg.

Lavazza L, Valetto G. 2000b. Requirements-based estimation of change costs. Empirical Software Engineering, 5: 229-243.

Leffingwell D, Widrig D. 2000. Managing Software Requirements: A Unified Approach. New York: Addison-Wesley.

Li J, Zhang H, Zhu L M, et al. 2012. Preliminary results of a systematic review on requirements evolution//The 16th International Conference on Evaluation & Assessment in Software Engineering, Ciudad Real.

Li Y, Li J, Yang Y, et al. 2008. Requirement-centric traceability for change impact analysis: a case study//International Conference on Software Process, Leipzig.

Lock S, Kotonya G. 1999. An integrated framework for requirement change impact analysis. http://info.comp.lancs.ac.uk/publications/Publication_documents/1999-Lock-Framework.pdf.

Makarainen M. 2000. Software change management processes in the development of embedded software. VTT Publications, 4 (1): 6.

Mellegård N, Staron M. 2010. Improving efficiency of change impact assessment using graphical requirement specifications: an experiment//The 11th International Conference on Product-Focused Software Process Improvement, Limerick.

Mohagheghi P, Conradi R. 2004. An empirical study of software change: origin, acceptance rate, and functionality vs. quality attributes//The International Symposium on Empirical Software Engineering, Redondo Beach.

Montalvillo L, Díaz O. 2016. Requirement-driven evolution in software product lines: a systematic mapping study. The Journal of Systems and Software, 122: 110-143.

Navarro I, Leveson N, Lunqvist K. 2010. Semantic decoupling: reducing the impact of requirement changes. Requirements Engineering, 15: 419-437.

Naz H, Motla Y H, Asghar S, et al. 2013. Effective usage of AI technique for requirement change management practices//The 5th International Conference on Computer Science and Information Technology, Amman.

Nidumolu S R. 1996. Standardization, requirements uncertainty and software project performance. Information & Management, 31: 135-150.

Nurmuliani N, Zowghi D, Fowell S. 2004. Ananlysis of requirements volatility during software development life cycle//The Australian Software Engineering Conference, Melbourne.

Nurmuliani N, Zowghi D, Williams S P. 2006. Requirements volatility and its impact on change effort: evidence-based research in software development project//The 11th Australian Workshop on Requirements Engineering, Adelaide.

Olsen N C. 1993. The software rush hour (software engineering). IEEE Software, 10 (5): 29-37.

O'Neal J S, Carver D L. 2001. Analyzing the impact of changing requirements//IEEE International Conference on Software Maintenance, Florence.

O'Neal J S. 2003. Analyzing the impact of changing software requirements: a traceability-based methodology. Los Angeles: Louisiana State University.

Pandey D, Suman U, Ramani A K. 2010. An effective requirement engineering process model for software development and requirements management//International Conference on Advances in

Recent Technologies in Communication and Computing, Kottayam.

Paulk M C, Curtis B, Chrissis M B, et al. 1993. Capability maturity Model[SM] for software. Pittsburgh: Carnegie Mellon University.

Pfahl D, Lebsanft K. 2000. Using simulation to analyse the impact of software requirement volatility on project performance. Informaiton and Software Technology, 42: 1001-1008.

Shaban-Nejad A, Haarslev V. 2007. Towards a framework for requirement change management in healthcare software applications//The 22nd ACM Conference on Object-Oriented Programming Systems and Applications Companion, New York.

Sharif B, Khan S A, Bhatti M W. 2012. Measuring the impact of changing requirements on software project cost: an empirical investigation. International Journal of Computer Science Issues, 9: 170-174.

Stark G, Skillicorn A, Smeele R. 1998. A micro and macro based examination of the effects of requirements changes on aerospace software maintenance//IEEE Aerospace Conference, Snowmass at Aspen.

Strens M, Sugden R. 1996. Change analysis: a step towards meeting the challenge of changing requirements//IEEE Symposium and Workshop on Engineering of Computer-Based Systems, Friedrichshafen.

Sunil T D, Kurian M Z. 2014. A methodology to evaluate object-oriented software systems using change requirement traceability based on impact analysis. International Journal of Application or Innovation in Engineering & Management, 3: 195-203.

Tamai T, Itou A. 1993. Requirements and design change in large-scale software development: analysis from the viewpoint of process backtracking//The 15th International Conference on Software Engineering, Baltimore.

Thakurta R, Ahlemann F. 2010. Understanding requirements volatility in software projects-an empirical investigation of volatility awareness, management approaches and their applicability//The Hawaii International Conference on System Science, Koloa.

Tomyim J, Pohthong A. 2016. Requirements change management based on object-oriented software engineering with unified modeling language//The 7th IEEE International Conference on Software Engineering and Service Science, Beijing.

Wang J, Li J, Wang Q, et al. 2012. A simulation approach for impact analysis of requirement volatility considering dependency change//The 18th International Conference on Requirements Engineering: Foundation for Software Quality, Essen.

Zhang H, Ali B M, Tell P. 2011. Identifying relevant studies in software engineering. Information and Software Technology, 53: 625-637.

Zowghi D, Nurmuliani N. 2002. A study of the impact of requirements volatility on software project performance//The 9th Asia-Pacific Software Engineering Conference, Queensland.

第3章　软件需求变更分析

在软件开发与维护过程中，管理需求变更是一项耗费时间和精力的工作，有效管理需求变更，对于控制软件项目进度安排、节约时间和成本预算而言十分重要。在需求变更管理过程中，通过需求变更分析、需求文档质量评估以及需求变更依赖关系和影响分析，可以为软件开发和维护过程中利益相关者做出有效管理决策提供有价值的信息。

当今，许多软件组织在执行软件维护工作时，常使用 issue 跟踪系统，如 Bugzilla 或 JIRA 等，来管理需求变更请求从提出到关闭的全过程。"issue"在描述软件开发任务时是一个含义广泛的词汇（Greenberg，1998），在开源项目中定义为需求，此需求包含软件新特征、对软件的改进需求和软件缺陷等。在 issue 跟踪系统中，变更请求报告可以是缺陷报告、功能请求报告或代码补丁报告等，软件用户和开发者可以在系统中提出他们在使用软件系统时遇到的问题、建议合理的改进或对变更请求报告进行评论（Anvik et al.，2006）。

常用的 issue 跟踪系统都提供了管理 issue 报告状态（例如，开放、关闭等）、报告描述、报告评论、报告附件等功能。一般来说，用户在使用软件过程中遇到问题，都在 issue 跟踪系统中提交一个变更请求报告。由于用户个体差异，变更请求报告的质量也就参差不齐。Betternburg 等人（2008）指出，一个好的缺陷报告可以帮助开发者迅速和正确地修复缺陷，但是一个质量较低的报告却常常引发许多问题。因此，鉴别和处理质量较高的报告可以辅助开发者更好地完成软件工程任务。此外，issue 跟踪系统中的变更请求报告存在相互关联的关系。例如，一个变更请求报告依赖另一个变更请求报告，此时需要先完成被依赖的变更请求，才能完成另一个依赖的变更请求。本章接下来将通过分析需求变更请求报告本身和因不断提出新变更请求报告而引发的需求变更以及变更间交互影响关系变化，为软件项目的需求变更管理提供有价值的决策支持。

3.1　软件需求变更

通过对 issue 跟踪系统的研究，可以总结出变更请求报告的生命周期过程如图 3.1 所示。

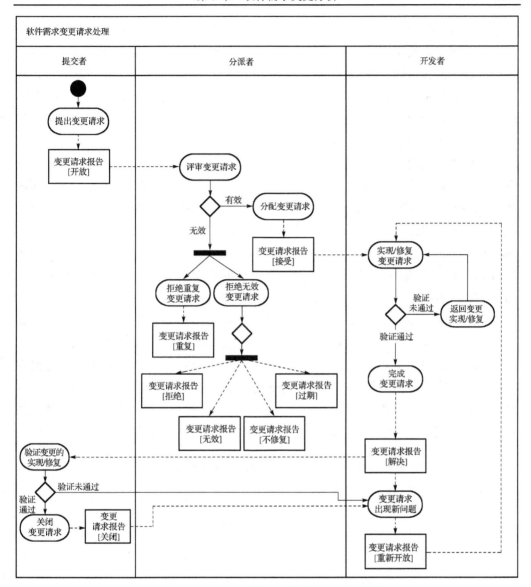

图 3.1　issue 跟踪系统变更请求报告处理过程

如图 3.1 所示，整个过程从需求变更请求提交者提交反映变更请求报告为起点，此时，报告的状态为开放。当开发团队收到变更请求报告后，会首先对报告进行评审和投票，以决定是否处理，按照报告请求的变更内容，对其处理分会为两种情况：一种情况是报告请求变更内容无效，此时，如果报告请求内容重复，则将报告标记为重复；如果报告请求内容无效，开发团队拒绝处理变更请求，就按变更请求内容将报告状态标记为无效、拒绝、不修复或者过期；另一种情况是报告请求变更内容有效，此时，阅读报告的分派者将其分派给合适的开发者，变更请求报告状态由开放标记为接受。接下来，开发者实现或修复变更请求，完成后提交团队成员验证，验证通过，将报告的状态由接受标记为解决，如果进一步被提交者验证通过后，报告状态标记为关闭。如果报告在关闭之后又发现新问题，则重新打开变更请求报告，变更请求报告标记为重新开放状态。因此，变更请求报告的状态会包括：开放、解决、关闭、重新开放、接受、拒绝、修复、重复、不修复、无效、过期。

　　监控和管理变更请求报告往往是一项具有挑战性的任务，因为 issue 跟踪系统中每天有大量新增的变更请求，对应这些变更请求的报告往往在有限的时间和资源内很难快速得到处理（Čubranić，2004）。Anvik（2007）通过对 Mozilla 项目部署的 Bugzilla 缺陷跟踪系统（issue 跟踪系统中针对缺陷跟踪的系统）进行分析后指出，Mozilla 平均每天收到 300 个缺陷报告（变更请求报告的其中一种类型）。如果开发者阅读这些没有优先级次序的报告会导致很多重要的变更请求得不到及时处理。Zhang 等人（2015）对 Apache 和 Eclipse 的缺陷报告进行统计分析，发现分别有 10.72% 和 14.94% 的缺陷报告需要进一步处理。Weiss 和 Entry（2005）对 SourceForge 上的软件项目进行了统计分析，发现绝大多数开源项目开发者或管理者只有 1 人。另外，在 issue 跟踪系统中还存在很多虽然标记为开放状态的报告，而实际开发者已经在某个版本中实现或修复报告中所描述的变更请求，然而，报告的状态在很长时间后还未标记为关闭。如图 3.2 所示，变更请求报告已标记为开放-接受，图 3.3 所示的评论表明开发者已修复所描述的变更请求，但此报告在 1 年半后仍然处于开放状态。

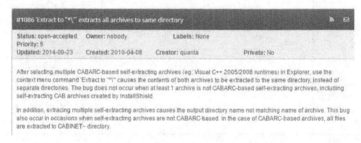

图 3.2　异常标识的变更请求报告

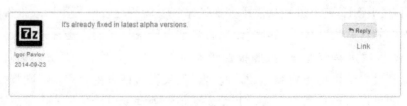

图 3.3　开发者表示已修复缺陷

可见，如果没有 issue 跟踪系统的提示，开发者可能会忘记关闭一些已经实现或修复的变更请求。如果用户提交的变更请求报告没有得到即时处理和关闭，开发者和用户会一次次点击和阅读处于开放状态的变更请求报告，会一次次进入没有必要的返工，而且，大量长期未关闭的变更请求报告也会降低用户满意度和反馈积极性。

需求变更请求报告是那些部署了 issue 跟踪系统的软件项目不断演化的动力。通过变更请求报告，开发者可以识别和解决软件系统的缺陷、增加新的功能以及接受提交者提交的源代码补丁，进而提高软件系统质量(Raymond, 1999)。如果开发者决定接受变更请求报告中反映的软件需求变更，则该变更请求就进入下一版本的规划中。因此，拒绝、接受或不处理需求变更请求报告，会造成后续开发过程中软件需求变更工作量的变化，此变化反映了软件项目的需求易变性。需求易变性在传统软件工程中，指的是用例模型中用例数量频繁变动的情况(Loconsole & Böirstler, 2005)。需求变更请求报告和 UCM 表达的软件需求相类似，因此 issue 跟踪系统中处于打开状态的变更请求报告存在关闭的可能性会影响下一版本软件需求变更数量的变动。研究表明需求易变性对软件项目的实施性能具有重要的影响(Loconsole & Börstler, 2005; Pfahl & Lebsanft, 2000; Stark et al., 1999; Zowghi & Nurmuliani, 2002)。

以上强调的是需求变更报告本身的重要性，在实际软件开发与维护过程中，需求变更之间存在依赖关系，此依赖关系可以直接影响需求选择活动和需求追踪管理(Zhang et al., 2013)。Carlshamre 等人(2001)指出，因为需求可能会以复杂的方式相互依赖，找到软件系统下一版本的最佳需求集合是困难的。

在 Bugzilla 和 JIRA 等 issue 跟踪系统中，需求变更之间的依赖关系由 issue 链接指出，图 3.4 是一个变更请求报告示例，其中，issue 链接下面给出了与这个需求变更请求存在依赖关系的 3 个其他需求变更请求。

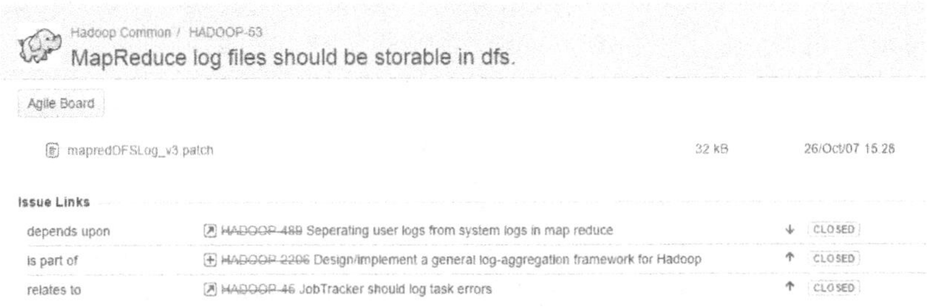

图 3.4　需求变更请求依赖关系示例

基于依赖关系，这些变更请求报告将组成了一个"变更请求关联网络"。

当软件项目开发者试图修复、实现、解决一个变更请求报告时，深入和清晰理解相关的变更请求报告是很重要的，这可以避免无效和前后不一致的开发工作（Martakis & Daneva, 2013）。因此，检测和识别"变更请求关联网络"中重要的变更请求报告节点可辅助开发者深刻理解和更好地实现变更请求报告所报告的变更需求。

面对 issue 跟踪系统中存在大量需要处理的变更请求报告，本章基于变更请求报告本身，结合变更需求关联关系，分析需求变更，并提出预测变更请求报告关闭可能性的方法。

3.1.1　研究现状及相关工作

1. 个体需求变更请求研究

软件需求变更从宏观角度，包括需求内容和需求数量的变化。量化和预测需求的变化可以帮助软件实践者提高需求管理活动的能力。能力成熟度模型集成（SEI, 2010）的能力等级中的四级和五级均要求软件企业能够以量化的方式管理他们的需求变更。另外，预测需求的易变性也可以帮助项目管理人员在最小化项目风险、建立更稳定软件过程时辅助其决策制定（Loconsole & Börstler, 2005）。过去十年间，研究者们提出了很多基于数据挖掘和机器学习技术实现缺陷报告（变更请求报告的一个类型）优先级排序的方法，此外，还基于自然语言处理技术，利用缺陷报告的文本和类别信息，构建特征向量，然后使用支持向量机（Kanwal & Maqbool, 2010; Chaturvedi & Singh, 2012）、朴素贝叶斯（Lamkanfi et al., 2010）、决策树（Valdivia & Shihab, 2014; Alenezi & Banitaan, 2013）等机器学习技术实现缺陷报告的分类和排序。

面向需求变更研究现状，Uddin 等人（2016）对缺陷报告优先级排序的相关研究进行了详细深入的总结，提出实现缺陷报告优先级预测主要基于提交者或报告分派者确定的优先级、缺陷报告解决时间的长短以及提交者或报告分派者确定的严重程度。Loconsole 和 Börstler（2005）使用用例模型作为研究数据来源，收集软件项目需求文档所有版本的大小和变更数据，探究用例模型的行数、单词数、用例数、角色数指标与需求变更数目之间关系。通过计算用例模型指标与需求文档变更大小之间的 Spearman 相关系数，得出结果表明：在预测基于用例的需求文档变更数量时，用例模型的测量指标是一个很好的指标，越大的用例需求越容易发生变更。在随后的工作中，他们对需求易变性进行单变量和多变量回归分析，发现需求文档的行数在预测需求易变性时是最为显著的指标，此指标比较常见，可以用于任何文本形式书写的用例文档，并且可以用于任何文本形式的需求。

Kanwal 和 Maqbool（2012）通过研究发现，使用缺陷报告的类别和文本特征的组合在支持向量机上得到最高的精确率，他们以 Eclipse 缺陷报告作为数据集，选择具有 P1～P5 优先级且报告标记为关闭或已解决的报告数据集进行训练和预测。他们的方法将大量的缺陷报告分类到同一个类别里，即在同一个类别里的缺陷报告具有相同的优先级。Hooimeijier 和 Weimer(2007)通过判断缺陷报告是否在给定的时间段内得到解决，将缺陷报告分类为"Cheap"和"Expensive"，如果报告在一个截止点（即一个天数）之前解决，则这些报告需要花费的时间和资源较少，分类为"Cheap"，否则分类为"Expensive"。他们提出的方法有一个难点在于每个项目具有不同的截止点，且没有得到报告的重要性到底有多重要。与 Hooimeijier 和 Weimer 的研究工作类似，Giger 等人(2010)通过分析缺陷报告的属性与修复时间的关系，将报告分为"Fast"和"Slow"两类，通过研究发现，使用报告提交后的信息，如评论数目，可以提高预测模型性能 5%～10%。

2. 关联需求追踪关系研究

在开源软件项目中，Heck 和 Zaidman(2014)观察到大量的变更请求是相互关联在一起组成网络的，他们使用 TF-IDF VSM(term frequency-inverse document frequency vector space model)来计算文本的相似性，以自动构建功能请求水平方向上的可追踪性链接，水平方向跟踪是针对在同一个抽象水平上的相关构件而言。Merten 等人(2016)发现信息检索算法可以提高系统数据的自动跟踪能力。Kong 等人(2011)使用信息检索技术推荐和需求文本相似的代码片段，建立较高层面的软件制品(如需求文档)和较低层面的软件制品(如代码片段)之间的需求追踪关系。这种需求追踪的过程主要是计算需求文本和代码文本之间的相似度，由计算得到的相似度值的大小进行检索结果排序，从而推荐需求描述功能所对应的实现代码。Bagnall 等人(2001)用有向无环图来表示优先级次序依赖关系，顶点表示一条独立的需求，边是从一个顶点到另一个顶点，表示为需求之间的优先级依赖关系。

管理需求变更还需要识别某个具体的变更会影响哪些需求，人工识别需求变更的影响耗费人力且具有较大挑战，尤其是分析大规模、快速变更的需求文档。Arora 等人(2015)开发了一个工具，分析以自然语言书写的需求文档变更时产生的影响，并通过计算一个具体的量化分数，给出需求文档中每一个需求陈述会受到多大程度的影响。Lee 等人(2010)提出了一种目标驱动的需求追踪方法，他们的方法通过目标和用例来分析需求变更的影响，并提出无形式语义的追踪类型。此外，变更影响分析领域主要是基于源代码层级进行变更影响分析(Li et al., 2012)和需求层级的变更影响分析(Goknil et al., 2014)。Jönsson 和 Lindvall(2005)提出面向需求变更角度的通用分析策略，他们认为需求变更的一个重要原因是需求之间存在依赖、影响关系，需求发生变更可以传播到系统中不同组件、子系统或系统部分的需求，从而进一步增加项目的成本和时间花费。

3.1.2　需求变更分析框架

本章的目标是发现软件需求在变更过程中的特征、挖掘软件需求变更的依赖关系影响，图 3.5 给出了本章的分析框架。

需求变更分析框架主要由两个复合活动构成，一个是分析个体需求变更请求并预测变更请求报告关闭可能性，另一个是根据需求变更请求间的关联关系研究需求变更优先级。

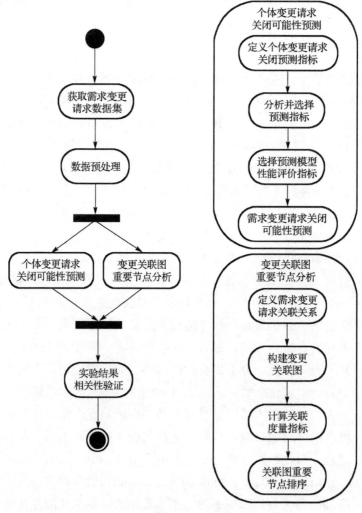

图 3.5　需求变更分析框架

首先，基于逻辑回归提出个体需求变更分析及变更请求报告关闭可能性预测模型。通过分析相关文献和变更请求报告字段内容，定义 12 个衡量变更请求报告特征的指标构建预测模型。为了找到一个最佳的预测指标集合，将 20 个 SourceForge 项目作为训练数据集，使用逐步回归技术，筛选得到在大多数项目上预测效果最佳的 5 个指标。然后，再使用筛选得到的 5 个指标对另外 20 个 SourceForge 测试项目(与训练数据集的 20 个项目无交集)构建逻辑回归模型，预测报告关闭可能性，通过对比实际报告关闭数据，说明预测模型是有效的。最后，把筛选得到的 5 个指标迁移到 JIRA 平台上，对 Hadoop 项目群进行预测，同样得到有效的结论。

接下来，对需求变更请求报告在需求变更关联网络中的重要性进行分析。通过定义需求变更关联关系构建关联图，使用改进的 PageRank 方法对关联图节点进行重要性排序。在 Hadoop 项目群上确定关联关系的前向和后向定义，构建变更请求关联网络后，确定 5 个从不同角度刻画关联网络节点重要性的指标，对节点进行重要性排序。最后，将实验结果与个体变更请求报告关闭结果进行相关性分析。

3.2 需求变更分析及预测

本节的研究目标是通过分析需求变更请求报告的特征，构建一个能够预测其关闭可能性的预测模型。

3.2.1 预测指标定义

在构建预测模型时，选取预测指标需满足以下能够衡量变更请求报告的特征。
(1)指标能够反映变更请求报告内容的复杂程度。
(2)指标能够反映变更请求报告随着时间不断变化的特征。
(3)指标能够反映利益相关者参与变更请求报告讨论的程度。

Menzies 和 Marcus(2008)在预测缺陷报告严重等级时指出，无结构缺陷报告文本相对于有结构报告文本的预测结果可能更好。有结构报告文本指的是对变更请求报告采取自然语言文本预处理的加工技术，包括：分词、停用词移除、词根还原以及使用 TF-IDF 和信息增益。Loconsole 和 Börstler(2005)使用用例模型的大小特征来预测需求变更的数目。Hooimeijer 和 Weimer(2007)在分析两个反映同一个缺陷但不同的报告内容时指出，拥有特征的数目不同会影响它们的最终状态和达到最终状态的时间。这两个报告特征的主要差别是：描述的严重性、主机操作系统、评论的数量、附件以及描述的质量。受需求易变性、缺陷预测、缺陷优先级排序、缺陷报告质量等相关研究的启发，本节定义了在 issue 跟踪系统中比较容易获取的衡量变更请求报告特征的 12 个指标，如表 3.1 所示。

表 3.1　需求变更请求报告指标

分类	指标	描述
描述标题	NTITLELEN	变更请求报告标题的长度（字符数）
	NTITLEWORD	变更请求报告标题的单词数目
报告描述内容	NREQLEN	变更请求报告的长度（字符数）
	NREQWORD	变更请求报告的单词数目
	NREQLINE	变更请求报告的行数
	NREQHREF	变更请求报告所包含的链接数目
	NREQATTACH	变更请求报告包含的附件数目
	NUMPRETAG	变更请求报告包含的带有预格式化文本的数目
演化	NREQPOSTS	变更请求报告具有的评论数目
	NREQOWNER	开发者参与变更请求报告讨论的次数
	REQWAITDAY	变更请求报告的等待生存时间（单位：天）
状态	inLABEL	变更请求报告的状态

　　衡量变更请求报告复杂度的指标包括描述标题及报告描述内容。Zhang（2009）对 Eclipse 和 NASA 数据集进行实验分析，发现简单的复杂度指标比如代码行可用于预测具有较多缺陷的组件。参考此结论，本节定义衡量变更请求报告复杂度的指标包括：标题长度的 NTITLELEN、标题单词数的 NTITLEWORD、内容长度的 NREQLEN、内容单词数的 NREQWORD 以及内容行数的 NREQLINE。

　　Bettenburg 等人（2007, 2008）对 3 个开源项目（Apache、Eclipse、Mozilla）的开发者进行了缺陷报告质量的相关调查，通过调查发现，开发者认为最常用到的缺陷报告信息包括重现缺陷的步骤、期待的行为以及堆栈信息。参考此结论，本节定义预格式化文本数 NUMPRETAG 来衡量报告含有预格式化的嵌入文本信息，带有预格式化的文本往往包含源代码、程序执行堆栈等信息。另外，issue 跟踪系统中变更请求报告来源于互联网的环境，报告常含有网页链接来说明变更请求，我们认为衡量变更请求的链接数量也很重要，因此，定义链接数量 NREQHREF 来统计变更请求内容含有链接的数量。而提交者对报告附加诸如屏幕截图、失败测试案例等附件也是有价值的数据，因此，定义附件数目 NREQATTACH 来衡量报告含有附件的情况。一旦变更请求报告被提交，相关的开发者或有权限的用户都可以对报告进行评论，以讨论不同解决方案或详细了解变更请求反映的需求。因此，定义评论数目 NREQPOSTS 来衡量报告的利益相关者参与讨论沟通的情况，以及使用开发者参与讨论次数 NREQOWNER 来衡量关键利益相关者（开发者）参与讨论的情况。报告生命周期也用报告等待生存时间 REQWAITDAY 来衡量，具体计算方法如下：

$$REQWAITDAY = \begin{cases} ClosedDate - OpenDate \\ GetDate / LatestResolvedDate - OpenDate \end{cases}$$

存在一类特殊情况：issue 跟踪系统中存在一些状态为关闭，但却没有关闭时间记录的变更请求报告，如图 3.6 所示。

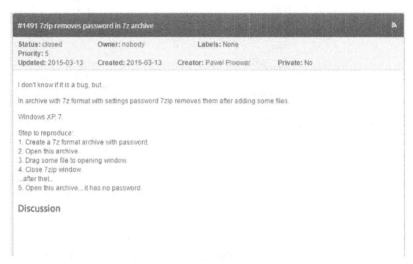

图 3.6　缺少关闭时间的变更请求

这些报告往往是提交者在提交报告时将状态相关字段部分直接选了关闭，对于这部分报告的 REQWAITDAY 指标需要做特殊处理。因此，在获取数据时确定指标 REQWAITDAY 的方法是：如果报告的状态为开放且没有再解决，REQWAITDAY 的值为获取数据的时间与打开报告的时间之间相差的天数；如果报告的状态为开放-再解决，REQWAITDAY 的值为最后一次解决时间与打开报告时间之间相差的天数；如果报告的状态为关闭，且可以找到关闭时间记录，指标 REQWAITDAY 的值为关闭时间与打开报告的时间之间相差的天数；如果报告的状态为关闭，但没有关闭时间记录的，如图 3.6 所示的报告，此时 REQWAITDAY 赋值为–999，因为预测这些没有按正确流程关闭的变更请求应具有的真实状态也是有意义的，开发者一样可以对这样的变更请求报告进行评论，讨论解决方案或提供意见反馈。

最后，issue 跟踪系统往往把开放和关闭相关的报告放在不同的导航类别下，因此，可以轻易获得变更请求报告所处的状态，定义 inLABEL 来量化变更请求报告的状态，开放为–1，关闭为 1。

3.2.2　预测指标选择

在本节中，预测一个变更请求报告被关闭的可能性，选择逻辑回归作为构建预测模型的方法。逻辑回归使用量化数值、布尔值或类别的组合因素来预测事件发生的概率，本节用于变更请求报告关闭可能发生的概率。逻辑回归和其他诸如线性回归的回归技术不同，它可以用于分析自变量和因变量之间是否存在某种函数式的依赖，而没有假定自变量和因变量之间存在线性的关系。

假设变更请求报告关闭的概率为 p，则不关闭的概率为 $1-p$，关闭与不关闭的概率之比为 $p/(1-p)$，取对数得 $\ln(p/1-p)$，记为 $\text{Logit}(p)$，因此，逻辑回归模型的方程如下：

$$\text{Logit}(p) = \ln\left(\frac{p}{1-p}\right) = \beta_0 + \beta_1 x_1 + \beta_2 x_2 + \cdots + \beta_n x_n$$

其中，β_0 为常数项，$\beta_0, \beta_1, \cdots, \beta_n$ 称为回归系数，x_n 表示选入到预测模型的指标。为了使用逻辑回归模型得到变更请求报告关闭可能性的概率值，需要确定一个[0,1]区间的截止点来决定变更请求报告得到关闭的可能性是高还是低，关闭可能性高就预测为高关闭可能性状态，关闭可能性低就预测为低关闭可能性状态。在本节中，设置逻辑模型的截止点为一般社会统计学常使用的 0.5，即概率小于 0.5 时把变更请求报告分类为低关闭可能性状态，大于 0.5 时分类为高关闭可能性状态。

在 3.2.1 节中，定义了 12 个衡量变更请求报告特征的指标，为了选择逻辑回归模型的输入变量，使用逐步回归方法（Chambers & Hastie, 1991）在训练数据集上选择表现最佳的指标。在逐步回归中，"向后回归"先将所有可能对因变量有影响的自变量都纳入公式模型，然后逐步从中排除对因变量没有影响的自变量，直至留在模型中的自变量都不能被排除为止，这里，通过设置置信水平决定是否排除自变量。

使用逐步回归筛选指标后，在训练数据集上可以得到表现最佳的预测指标，不过，还需要找到一个相对通用的预测指标集合，因此，以训练数据集含有项目总数的中位数作为分界线，确定此相对通用的预测指标集合作为最终预测指标集合。具体方法是：如果使用逐步回归训练 N 个模型，得到在这 N 个模型中逐步回归筛选后的每个指标在 N 个模型中出现的总次数，用于确定那些在 $N/2$ 个模型中都表现最佳的指标，以此类推，获得最终预测指标集合。

3.2.3　预测模型性能综合评价指标

Tan（2006）中指出，在数据集分布不均衡的预测模型中，准确率不具有对结果的表征作用。考虑到在预测变更请求报告关闭可能性时，得到关闭的可能性会随着变更请求报告的特征不断演化而发生变化，因此不使用准确率来评估模型。为了评估预测模型的性能，使用召回率和伪正率来评价模型的性能，这两个指标在预测模型领域有广泛的使用（Giger et al., 2010; Shi et al., 2013），通过表 3.2 所示的混淆矩阵可以计算得到。

表 3.2　混淆矩阵

分类		预测	
		不关闭	关闭
实际	不关闭	TN（true negative）	FP（false positive）
	关闭	FN（false negative）	TP（true positive）

召回率是变更请求报告被正确预测为关闭数目与总的实际关闭数目的比值，计算公式如下：

$$Recall = \frac{TP}{TP + FN}$$

伪正率（false positive rate，FPR）是变更请求报告被错误预测为关闭数目与总的实际为未关闭数目的比值，计算公式如下：

$$FPR = \frac{FP}{FP + TN}$$

3.3　关联需求变更请求重要性分析

随着社交媒体的快速发展和普及，越来越多的研究者开始关注社交网络的分析，发现社交网络中的重要节点有助于发现网络舆情热点并预测消息传播的规律。在对社交网络进行分析前，先要对社交网络进行建模，网络中的每一个节点对应每一个社交实体，节点之间的边表示社交实体关系。与此类似，在 issue 跟踪系统中，变更请求报告之间具有的 issue 链接关系和网页链接结构是类似的。把变更请求报告发生变更的原因看成入链，把变更的结果看成出链，即可以把特征向量中心性运用到变更请求报告的重要性排序中，分析 issue 跟踪系统中对软件系统影响较大的关键节点、分析需求变更产生的根源以及分析需求变更后对其他需求产生的影响。

为了分析一个变更请求报告相对于其他变更请求报告的重要性，下面先构建"变更请求关联网络"，之后，对变更请求关联网络的度量指标值进行计算，通过计算得到的值的大小实现变更请求节点重要性排序。

3.3.1　变更请求关联关系

在构建"变更请求关联网络"前，首先定义网络节点的前向和后向关联关系。例如，在 Bugzilla 跟踪系统中，A 阻断/依赖 B 的可追溯性方向定义为"A→B"。Heck 和 Zaidman（2014）在构建"功能请求网络"时增加 A 和 B 重复以及 A 在评论中参考了 B 的关联。而 JIRA 跟踪系统中的 issue 链接依赖关系相较 Bugzilla 更为复杂，因此，在构建"变更请求关联网络"时除了参考已有文献方法（Heck & Zaidman, 2014; Ernst & Murphy, 2012; Ali & Antoniol, 2013）外，还经过分析若干的变更请求报告及研究团队讨论来确定前向和后向的方法，得到21类issue链接关系的类别统计，如表3.3所示，其中，A关联B，A是B产生的原因，方向为"A→B"，"→"表示变更请求报告的影响方向，表示A影响B或B依赖于A；"--"表示不考虑此种关联关系，因为这些不考虑的关联关系没有反映需求之间的影响关系。

表 3.3　关联关系

序号	关联种类	方向	序号	关联种类	方向
1	supercedes	--	12	is_superceded_by	--
2	blocks	→	13	is_blocked_by	--
3	breaks	→	14	is_broken_by	--
4	contains	→	15	is_contained_by	--
5	relates_to	--	16	is_related_to	→
6	incorporates	→	17	is_part_of	--
7	duplicates	--	18	is_duplicates_by	--
8	depends_upon	--	19	is_depended_upon_by	→
9	requires	--	20	is_required_by	→
10	is_a_clone_of	--	21	is_cloned_by	--
11	links_to	--			

为了使用Gephi进行网络分析，我们编写了Python脚本把原始数据处理成Gephi能够处理的格式。表3.4给出了处理格式数据的示例，其中，"源issue ID"代表的变更请求是"目标issue ID"代表的变更请求发生的原因。

表 3.4　Gephi 输入数据示例

源 issue ID	目标 issue ID
HBASE-14158	HBASE-14160
HBASE-14150	HBASE-14158
HBASE-14181	HBASE-14158
HBASE-13992	HBASE-14158
HBASE-13992	HBASE-14150
HBASE-13992	HBASE-14149
HBASE-14159	HBASE-14160

在Gephi中，构建"变更请求关联网络"为一个有向图，图3.7给出表3.4示例数据对应的关联网络。

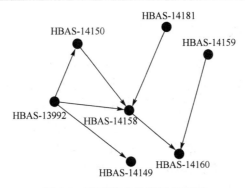

图 3.7 变更请求关联网络示例

3.3.2 变更请求关联网络

变更请求关联网络的构建以每个变更请求报告的唯一标识符为节点，以变更请求报告之间的关联关系为边，构建有方向的变更请求网络。

定义 3.1 变更请求关联网络。一个变更请求关联网络是一个二元组 $G=<V, R>$，其中：

(1) V 是变更请求节点集合，$\forall v \in V$ 是 V 的一个变更请求节点；

(2) $R \subseteq (V \times V)$ 是变更请求节点 V 间的关联关系，$V \times V = \{(v, v') | v, v' \in V \wedge v$ 关联 $v'\}$，$\forall r \in R$ 是 R 的一个变更请求关联关系。

基于需求变更请求关联网络定义，下面构造关联网络对应的节点邻接矩阵。

定义 3.2 节点邻接矩阵。已知变更请求关联网络 $G=<V, R>$ 有 m 个节点和 n 条边，则节点邻接矩阵 $A = [a_{ij}]_{m \times m}$，其中，$a_{ij} = |r_k| (r_k = <v_i, v_j> \in R)$，当且仅当存在从节点 v_i 指向 v_j 的关联关系时 $|r_k| = 1$，否则 $|r_k| = 0$。

图 3.7 的节点邻接矩阵如表 3.5 所示。

表 3.5 图 3.7 所对应的节点邻接矩阵

源 \ 目标	HBASE-14158	HBASE-14150	HBASE-14181	HBASE-13992	HBASE-14159	HBASE-14160	HBASE-14149
HBASE-14158	0	0	0	0	0	1	0
HBASE-14150	1	0	0	0	0	0	0
HBASE-14181	1	0	0	0	0	0	0
HBASE-13992	1	1	0	0	0	0	1
HBASE-14159	0	0	0	0	0	1	0
HBASE-14160	0	0	0	0	0	0	0
HBASE-14149	0	0	0	0	0	0	0

3.3.3　变更请求关联网络度量指标

常见的社交网络重要节点排序主要采用指标度量的方法，常见的指标有特征向量中心性、介数、入度、出度、接近中心性等。这些度量指标从不同的视角来刻画网络中节点的重要性。任晓龙和吕琳媛(2014)对复杂网络中重要节点的排序方法进行总结，提出四种类型的排序方法，即基于节点移除和收缩、路径、节点近邻、特征向量的方法。刘建国等人(2013)从网络拓扑结构的局部属性、全局属性、位置关系和随机游走等四个角度介绍网络节点重要性排序的不同指标。下面选择三个常用的度量指标，结合上一节中变更关联网络的定义进行指标定义。

1. 局部度量指标

变更请求关联网络中节点的度需要考虑其局部环境的特征，即考虑有直接关联关系的邻居。在节点的后向关联方向上，变更请求报告影响到的节点数目称为出度；在节点的前向关联方向上，变更请求报告依赖的节点数目称为入度。根据定义 3.1 和定义 3.2 有

$$D_i^{\text{out}} = \sum_{j=0}^{m} a_{ij} , \quad D_j^{\text{in}} = \sum_{i=0}^{n} a_{ij}$$

其中，a_{ij} 是定义 3.2 所表示的邻接矩阵中第 i 行第 j 列元素，出度 D_i^{out} 是节点对后向邻居节点影响的度量值，入度 D_i^{in} 是节点受前向邻居节点影响的度量值。出度和入度的和为度，即

$$D(i) = D_i^{\text{in}} + D_i^{\text{out}}$$

以表 3.5 所示的邻接矩阵为例，HBASE-14158 节点对应的局部度量指标为

$$D_{\text{HBASE-14158}}^{\text{out}} = 6 \times 0 + 1 = 1$$
$$D_{\text{HBASE-14158}}^{\text{in}} = 4 \times 0 + 3 \times 1 = 3$$
$$D(\text{HBASE-14158}) = D_{\text{HBASE-14158}}^{\text{in}} + D_{\text{HBASE-14158}}^{\text{out}} = 1 + 3 = 4$$

故此，得到 HBASE-14158 出度为 1，入度为 3，度为 4。

2. 全局度量指标

基于全局网络的度量指标需要考虑整体网络的全局信息，主要有特征向量中心性和接近中心性等。刘建国等人(2013)对常见的网络节点重要性排序指标特点进行了总结，特征向量中心性具有考虑节点邻居重要性的优点。

特征向量中心性(Ilyas & Radha, 2011)是迭代计算网络中一个节点的相对分数，节点的重要性由与该节点连接的邻居数目(即出度和入度)和每个邻居节点具有的重要性共同来决定。变更请求关联网络中的每一个节点 i 在网络中的重要性受其依赖

和所影响的直接邻居数目以及直接邻居本身所具有的重要程度的共同影响。设 $x(i)$ 是变更请求关联网络节点 v_i 的特征向量中心性值，则有

$$x(i) = \frac{1}{\lambda} \sum_{j=1}^{n} A_{i,j} x(j)$$

其中，λ 是一个常数，$A=(a_{i,j})$ 是定义 3.2 中的变更请求关联网络对应的邻接矩阵，n 是网络节点数。

如果记 $x = [x(1), x(2), \cdots, x(n)]^{\mathrm{T}}$，则上式可以写成向量的形式，表示经过多次迭代后，所有点的特征向量中心性值，即

$$x = \frac{1}{\lambda} Ax, \quad Ax = \lambda x$$

其中，λ 是特征值，x 是邻接矩阵 A 对应的特征向量，通过递归迭代计算得到一个收敛的非零特征向量 x，Bonacich (1972) 给出了具体的证明过程。计算特征向量 x 的基本方法是给定一个初始值 $x(0)$，然后进行如下的迭代过程：

$$x(t) = \frac{1}{\lambda} Ax(t-1), \quad t = 1, 2, 3, \cdots$$

直到归一化为 $x'(t)=x'(t-1)$ 为止。

3. 随机游走指标

随机游走指标排序方法基于变更请求报告之间的关联关系，利用 PageRank 算法实现"变更请求关联网络"中节点的排序。PageRank (Ilyas & Radha, 2011) 是由谷歌公司提出的，通常作为网页结构挖掘的算法，它通过分析基于 Web 结构的链接对网页进行排序，计算得到每一个网页的 PageRank 值，进而实现对网页的重要性排序。网页和网页之间由存在的超链接进行相互关联，把每个网页看成网络中的一个节点，计算如下 PageRank 值可以得到每一个网页的重要性：

$$\mathrm{PR}(u) = (1-c) + c \times \sum_{v \in P(u)} \frac{\mathrm{PR}(v)}{N(v)}$$

其中，$\mathrm{PR}(u)$ 是网页 u 的 PageRank 值，网页 v 是与网页 u 有超链接关系的网页，$P(u)$ 是指向网页 u 的网页集合，$N(v)$ 表示网页 v 向外链接的网页总数目，c 是阻尼系数，通常设置为 0.85，表示用户继续访问一个链出的链接的概率，例如，点击了网页上的一个链接，$(1-c)$ 表示的是不通过点击链接直接浏览其他网页的概率（即在浏览器上重新打开一个标签输入网址打开一个新的网页）。上述公式通过迭代计算得到所有的 PR 值收敛于某个确定的阈值时停止。

PageRank 算法利用网页的超链接结构给互联网中的每一个网页进行排序，每一个网页的重要性取决于指向它的其他页面的质量和数量，如果一个页面由很多高质

量的页面所指向，则认为这个网页的质量比较高，应该给这个页面较高的 PageRank 值。PageRank 作为有向网络中节点排序的经典算法，在它基础上进行改进的很多算法也在其他领域得到广泛应用，包括对学术期刊论文的排序、新浪微博、Twitter、Facebook 等用户的排序以及科学家影响力的排序等。

与此类似，在 issue 跟踪系统中，假定阅读和处理变更请求报告的开发者首先打开项目的 issue 跟踪系统，在他面前呈现所有的变更请求报告，在随机打开一个变更请求报告、阅读报告内容时，不断访问和该变更请求报告相关联的其他报告，如此下去，把 issue 跟踪系统中所有的变更请求报告都阅读完毕，最终确定每一个变更请求报告的重要性进而进行分配。PageRank 算法可以对各个变更请求报告的重要程度的数值做出计算。利用上式计算需求变更请求关联网络中每个节点的 PageRank 值如下：

$$PR(i) = (1-c) + c \times \sum_{j \in P(i)} \frac{PR(j)}{N(j)}$$

其中，i 和 j 表示两个有关联关系的变更请求报告，$PR(i)$ 是变更请求报告 i 的 PageRank 分数值，c 是阻尼系数，在这里可以表示开发者通过变更请求报告的关联关系，在所有的关联关系中随意选中要解决、实现或修复的变更请求报告的概率，而 $(1-c)$ 表示开发者不通过关联关系，而是直接打开网址输入要实现的变更请求报告所在的网址。$P(i)$ 是所有 i 依赖的变更请求报告的集合，$N(j)$ 是变更请求报告 j 所影响的变更请求报告数目即节点 j 的出度。

计算 PageRank 值是一个迭代的过程，得到需求变更关联网络中每一个变更请求报告 PageRank 值的过程如下。

(1)初始步骤：给所有节点一个同样的 PageRank 值 $PR_l(0)$，l 是变更请求报告的编号，$1 \leqslant l \leqslant k$，$k$ 为变更请求报告总数，此时有

$$\sum_{l=1}^{k} PR_l(0) = 1$$

(2)校正步骤：c 是一个比例因子，一般取经验值 0.85，可以把每个节点的 PageRank 值进行 c 倍的缩减，这样所有的节点的 PageRank 值也会相应缩减为原来的 c 倍，再把 $(1-c)$ 平均分配到每个节点的 PageRank 值，最终保证关联网络总的 PageRank 值为 1。

3.3.4　变更请求重要性排序

在对变更请求关联网络中的节点进行排序时，先计算 3.3.3 节定义的局部度量指标、全局度量指标和随机游走指标中的五个指标：入度、出度、度、特征向量中心性、PageRank。为了进行对比分析，构建每个指标为一个 $2 \times m$ 的矩阵，矩阵的第一

列为节点的编号，第二列为指标的值，得到五个指标值矩阵。在每个指标值矩阵内，可以根据指标值由大到小进行排序，排序位置越在前面的表示节点的重要性越高。

由表 3.4 的数据在 Gephi 中构造出的关联图示例如图 3.8 所示。

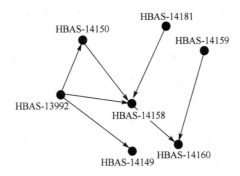

图 3.8　关联网络图示例

在构建需求变更关联网络时，计算表 3.4 中每个节点特征向量中心性值，表 3.6 给出了特征向量中心性值计算结果。

表 3.6　特征向量中心性值

issue ID	特征向量中心性值	issue ID	特征向量中心性值
HBASE-14160	1	HBASE-14181	0
HBASE-14158	0.239335087	HBASE-13992	0
HBASE-14150	0.026639047	HBASE-14159	0
HBASE-14149	0.026639047		

绘图时根据特征向量中心性值对节点的大小和标签进行设置后，得到图 3.9 所示的结果。

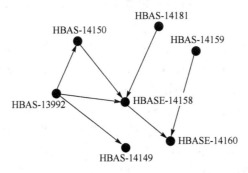

图 3.9　特征向量中心性排序的结果

将需求变更关联网络中节点的特征向量中心性按从小到大排序得到重要性排序，表 3.6 和图 3.9 中最为重要的节点为 HBASE-14160，它的特征向量中心性值为

1。排序结果为：HBASE-14160>HBASE-14158>HBASE-14150>HBASE-14149>
（HBASE-14181, HBASE-13992, HBASE-14159）。

3.4　开源软件项目案例研究

为了度量和预测 issue 跟踪系统的个体变更请求报告得到关闭的可能性，下面通过之前定义衡量变更请求报告特征的指标选择方法，在 SourceForge 的训练数据集上训练效果最佳的预测指标，构建逻辑回归预测模型，对 SourceForge 的测试数据集进行实验，再将结果迁移到 JIRA 项目进行类似预测。

另外，由于 issue 跟踪系统中的变更请求报告之间存在由相互依赖和相互影响而产生的复杂关联关系，构成变更关联网络，检测和识别网络中重要的变更请求报告节点可以辅助开发者更好地理解、实现、修复变更请求报告所反映的需求。下面通过抓取 Hadoop 项目群相关数据，构建变更请求关联网络，分析变更请求报告在所组成关联网络中的重要性，并把预测个体变更请求关闭可能性的结果和在关联网络分析得到的重要性排序进行相关性验证。

3.4.1　变更请求关闭可能性预测

1．实验数据集

本节案例使用部署在 SourceForge 网站的开源软件项目作为数据集。通常软件组织使用的 issue 跟踪系统提供的变更请求报告提交和管理过程往往是类似的，因此，相关案例分析可以扩展到使用 Bugzilla、JIRA 等其他 issue 跟踪系统的软件项目上。SourceForge 提供的 issue 跟踪系统 Tickets 允许开发者和用户提交和管理缺陷、代码补丁请求、功能请求、支持请求等变更请求报告，报告开放状态标记为蓝色，关闭状态标记为红色。

为了找到一个相对通用的预测指标集合，选择分布于 SourceForge 不同类别下的软件项目，没有使用文献(Schweik et al., 2009; Garousi & Leitch, 2010; Abdou et al., 2013)使用的 SourceForge 公共数据集：FLOSSMole(Howison et al., 2006)和 SRDA。不使用这两个公共数据集的原因是 FLOSSMole 只有一些宽泛量化的统计，比如在统计变更请求报告时，只有报告的数目，没有具体的报告内容，并且 FLOSSMole 和 SARD 分别于 2009 年、2014 年之后就不再提供更新。

为了找到合适的数据集样本以及能够实现标准化的数据收集工作，我们限制了 SourceForge 软件项目的样本数量。首先，统计 SourceForge 首页 10 个类别的每个类别中下载次数最多(统计时间为 2016 年 4 月)的前 50 个项目，SourceForge 每个类别的检索结果每页有 25 个项目，统计共计 500 个项目。之后，剔除那些没有使用 issue

跟踪系统的项目。接着，获取变更请求报告数据。在 2016 年 6 月获取完数据后将数据导入到 MongoDB 数据库中。抓取的变更请求报告数据指标矩阵示例如表 3.7 所示，其中 URL 字段唯一标识变更请求报告。

表 3.7　变更请求报告指标矩阵

项目	URL	NREQWORD	NREQHREF	...	NREQLEN	inLABEL
keepass	sourceforge.net/p/keepass/bugs/1530	182	1	...	1141	−1
keepass	sourceforge.net/p/keepass/bugs/1532	161	0	...	1142	1

完成了数据收集工作后，使用如下筛选条件确定原始数据集。

(1) 软件项目具有 issue 跟踪系统。

(2) issue 跟踪系统中有 500 个以上的变更请求报告。

(3) issue 跟踪系统中的提交者数目在 50 人以上，其中，提交者为匿名的不计算在内。

(4) 变更请求报告关闭的百分比在 4%～96%，此条件是为了确保数据集含有开放和关闭两种状态的报告。

确定了原始数据集后，选择每个软件类别报告数目最多的 4 个项目作为研究数据集，因为 SourceForge 共有 10 个类别入口，所以，确定了 40 个项目作为研究数据集，数据集项目划分过程如下。

(1) 对 40 个项目计算状态为关闭的百分比。

(2) 选择每个类别关闭百分比最高的 2 个项目加入训练数据集。

(3) 选择每个类别在步骤 (2) 后剩下的 2 个项目加入测试数据集。

最终确定的训练数据集如表 3.8 所示，测试数据集如表 3.9 所示。

表 3.8　训练数据集

分类	项目	提交者数	数据量	关闭量	关闭比例	数据集
音频和视频	megui	289	902	858	95%	训练集
	dvdstyler	319	789	410	52%	训练集
商业和企业	texniccenter	602	2206	1904	86%	训练集
	keepass	1515	3716	3158	85%	训练集
通信	googlesyncmod	523	961	790	82%	训练集
	davmail	437	754	537	71%	训练集
开发	winmerge	1092	6467	5505	85%	训练集
	pmd	739	1925	1448	75%	训练集
家庭和教育	gnuplot	638	2925	2653	91%	训练集
	jmol	147	840	744	89%	训练集
游戏	mumble	1028	2602	2026	78%	训练集
	fceultra	118	544	407	75%	训练集

续表

分类	项目	提交者数	数据量	关闭量	关闭比例	数据集
图像	flightgear	69	1863	1237	66%	训练集
	jfreechart	678	1858	1187	64%	训练集
科学和工程	jtds	534	968	833	86%	训练集
	maxima	537	3381	2569	76%	训练集
安全和工具	ipcop	828	1372	1232	90%	训练集
	passwordsafe	644	2131	1558	73%	训练集
系统管理	nsis	602	1935	1531	79%	训练集
	net-snmp	1294	4165	3294	79%	训练集
合计	—	—	42304	33881	—	—

表 3.9　测试数据集

分类	项目	提交者数	数据量	关闭量	关闭比例	数据集
音频和视频	smplayer	691	1453	639	44%	测试集
	infrarecorder	141	869	181	21%	测试集
商业和企业	odf-converter	106	3433	2497	73%	测试集
	freemind	1012	2283	863	38%	测试集
通信	mobac	311	585	380	65%	测试集
	aresgalaxy	92	524	19	4%	测试集
开发	mingw	1460	3559	2366	66%	测试集
	kompozer	387	1052	256	24%	测试集
家庭和教育	gimp-print	628	1421	961	68%	测试集
	crengine	236	576	127	22%	测试集
游戏	dosbox	379	802	548	68%	测试集
	desmume	439	1071	640	60%	测试集
图像	sweethome3d	713	1406	854	61%	测试集
	meshlab	316	624	154	25%	测试集
科学和工程	avogadro	129	1061	712	67%	测试集
	librecad	221	815	537	66%	测试集
安全和工具	awstats	1419	3519	2485	71%	测试集
	clamwin	289	771	436	57%	测试集
系统管理	webadmin	1549	5550	3860	70%	测试集
	sevenzip	1386	3214	391	12%	测试集
合计	—	—	34588	18906	—	—

2. 选择预测指标并构建模型

使用 SPSS 23 对表 3.8 所示每一个训练数据集的项目执行逐步回归来筛选预测指标。为了得到尽可能多的预测指标，选择 SPSS 提供的 "Backward:LR" 策略。该策略使用的是基于最大似然估计的向后逐步回归方法，先将所有的指标变量放入方程中（inLABEL 作为目标变量），然后依据似然比检验的结果剔除不具有统计学意义的指标变量。在统计学上一般认为 p 值小于 0.05（即置信区间为 95%）的变量具有较好的显著性水平，此时无效假说不成立，说明预测指标变量具有统计学意义，能够显著地区分变更请求报告的开放状态和关闭状态。我们设定 SPSS 软件的置信区间为 95%。在表 3.8 所示的 20 个训练项目得到表现最佳的预测指标，结果如表 3.10 所示，其中"√"表示在项目上筛选得到的指标。

表 3.10　SPSS 逐步回归选择得到的指标

项目	NTIT-LELEN	NTIT-LEWORD	NREQ-LEN	NREQ-WORD	NREQ-LINE	NREQ-HREF	NREQ-ATTACH	NUMP-RETAG	NREQ-POSTS	NREQ-OWNER	REQWA-ITDAY
megui		√	√		√	√	√	√			
dvdstyler				√	√	√	√			√	√
texnic-center											√
keepass	√		√	√	√				√	√	√
google-syncmod		√		√	√		√		√	√	√
davmail		√	√		√		√				√
winmerge	√				√				√	√	√
pmd	√	√							√	√	
gnuplot		√	√	√	√	√		√		√	√
jmol	√		√		√						√
mumble	√	√					√			√	√
fceultra	√	√							√	√	√
flightgear								√	√		√
jfreechart	√		√			√				√	√
Jtds						√				√	√
maxima	√		√	√	√		√		√		√
ipcop			√	√	√		√				√
pasword-safe	√			√	√		√			√	√
nsis		√			√		√		√		√
net-snmp	√		√	√	√	√	√			√	√
合计	10	8	9	8	13	7	10	3	8	12	18

通过统计每一个指标在 20 个项目中出现的总次数，选择出现次数在训练数据集的项目总数中位数（20/2=10）及其以上的指标作为最佳预测指标，结果如图 3.10 所

示。在 20 个训练项目上筛选得到表现最佳的预测指标集合包括：报告标题长度 NTITLELEN、报告内容行数 NREQLINE、报告含有附件数 NREQATTACH、开发者参与讨论次数 NREQOWNER 和报告等待生命时间 REQWAITDAY，其中，REQWAITDAY 衡量了报告不断变化的生命周期，NREQOWNER 衡量了关键利益相关者报告讨论的参与，其他三个指标刻画了报告标题和描述内容的复杂程度。

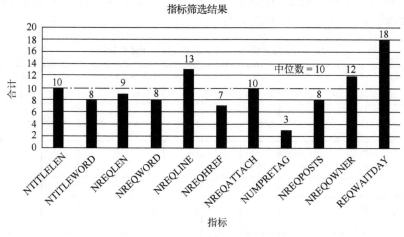

图 3.10　指标选择结果

选择得到的五个指标是变更请求报告在不同方面的度量，它们之间不存在相关性，因此，下面作为逻辑预测模型的输入变量。

使用筛选得到的最佳预测指标集合来构建预测模型：

$$\text{Logit}(p) = \ln\left(\frac{p}{1-p}\right) = \beta_0 + \beta_1 \times \text{NTITLELEN} + \beta_2 \times \text{NREQLINE} + \beta_3 \times \text{NREQATTACH}$$
$$+ \beta_4 \times \text{NREQOWNER} + \beta_5 \times \text{REQWAITDAY}$$

其中，β_0 为常数项，$\beta_1 \sim \beta_5$ 为回归系数。

使用 SPSS 23 对表 3.10 中的每一个测试项目分别构建上式所描述的逻辑回归预测模型，可以得到 20 个模型。构建模型时，选择的截止点为 0.5，即变更请求报告的关闭概率在 0.5 以下的预测为低关闭可能性，概率在 0.5 及其以上预测为高关闭可能性。

3. 在 SourceForge 上的实验结果

在 SourceForge 中，我们在选择的 20 个预测项目数据集上构建预测模型，并记录每一个预测模型在混淆矩阵中的 TN、FN、FP、TP 值。图 3.11 给出了 20 个测试项目上的综合评价指标召回率和伪正率结果。

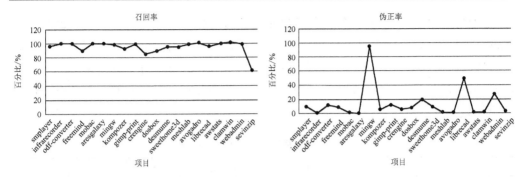

图 3.11　评估指标的值分布

表 3.11 给出了 20 个测试项目的详细实验结果。

表 3.11　评估指标性能

项目	提交者数	数据量	关闭比例	TN	FN	FP	TP	召回率	伪正率
smplayer	691	1453	44%	724	19	96	622	97%	12%
infrarecorder	141	869	21%	688	0	0	181	100%	0%
odf-converter	106	3433	73%	817	9	119	1581	99%	13%
freemind	1012	2283	38%	1275	93	145	770	89%	10%
mobac	311	585	65%	203	1	4	379	100%	2%
aresgalaxy	92	524	4%	505	0	0	19	100%	0%
mingw	1460	3559	66%	53	48	1090	2319	98%	95%
kompozer	387	1052	24%	741	17	55	239	93%	7%
gimp-print	628	1421	68%	398	18	63	943	98%	14%
crengine	236	576	22%	416	19	34	108	85%	8%
dosbox	379	802	68%	1275	93	145	770	89%	10%
desmume	439	1071	60%	342	42	90	623	94%	21%
sweethome3d	713	1406	61%	495	59	58	794	93%	10%
meshlab	316	624	25%	467	4	3	150	97%	1%
avogadro	129	1061	67%	351	0	0	711	100%	0%
librecad	221	815	66%	139	20	139	518	96%	50%
awstats	1419	3519	71%	1321	5	3	2130	100%	0%
clamwin	289	771	57%	335	0	0	436	100%	0%
webadmin	1549	5550	70%	1211	60	481	3802	98%	28%
sevenzip	1386	3214	12%	2677	150	145	241	62%	5%
平均	595	1729	49%	722	33	134	867	94%	14%

综合上述分析结果，可以得出以下结论。

（1）综合评价指标召回率。除 sevenzip 为 62%性能较差外，提出方法在其他 19个测试项目上的召回率皆在 85%及其以上。20 个测试项目有 19 个具有较高的召回率，说明提出的方法能够很好地识别和预测变更请求报告的关闭状态。

(2)综合评价指标伪正率。大多数测试项目的伪正率值分布在 0%～20%，但 mingw 的伪正率高达到 95%，其高伪正率说明这个项目有大量开放状态的变更请求报告需要进一步处理。表 3.12 是伪正率为 50%的 librecad 部分预测结果，可以看到 librecad 预测为"伪正"的变更请求报告的标记状态和其应当具有的真实状态进行的分析比较。

表 3.12　librecad 部分预测结果

URL	inLABEL	标记状态	关闭概率	预测值	预测结果
https://sourceforge.net/p/librecad/bugs/485/	−1	开放-修复	0.823	1	√
https://sourceforge.net/p/librecad/bugs/476/	−1	开放-接受	0.818	1	√
https://sourceforge.net/p/librecad/bugs/464/	−1	开放-修复	0.709	1	√
https://sourceforge.net/p/librecad/bugs/456/	−1	开放-修复	0.815	1	√
https://sourceforge.net/p/librecad/bugs/449/	−1	开放-修复	0.271	−1	×
https://sourceforge.net/p/librecad/bugs/440/	−1	开放-修复	0.305	−1	×

理论上标记为开放-接受或开放-修复的报告在一段时间后应当得到关闭，人工阅读这些报告的评论发现这些变更请求已经修复或完成，但在一年以后这些报告还是没有关闭。与预测结果对比后发现，预测模型能够较为准确地预测报告的真实状态，即伪正率指标是有意义的。

上述结论表明提出的方法具有较高的预测性能。

另外，测试项目关闭状态变更请求报告所占百分比的大小并不影响其预测模型的性能。我们用 SPSS 23 计算表 3.11 中"关闭比例"列数据与召回率列和伪正率列的 Pearson 相关系数，结果为 0.424（p 值 0.062，双尾）和 0.355（p 值 0.125，双尾），这两个相关性系数的绝对值都小于 0.5 且 p 值大于 0.05，说明测试项目的关闭状态变更请求报告所占的百分比大小并不显著影响预测模型的性能。

测试项目变更请求报告数目的大小也不影响预测模型的性能。与上述分析类似，使用 SPSS 23 计算表 3.11 中数据量列数据与召回率列和伪正率列的 Pearson 相关系数，结果为−0.118（p 值 0.618，双尾）和 0.372（p 值 0.106，双尾），两个相关性系数绝对值也都小于 0.5 且 p 值大于 0.05，说明测试项目变更请求报告数目的大小并不显著影响预测模型的性能。

4. 在 JIRA 上的实验结果

我们把在 SourceForge 上筛选得到的五个指标迁移到 JIRA 上，进行关闭可能性预测实验，实验数据集是 Hadoop 项目群共计 46759 条的变更请求报告数据，得到如表 3.13 所示的混淆矩阵实验结果。

表 3.13　JIRA 实验结果

分类		预测	
		不关闭	关闭
实际	未关闭	TN=3211	FP=4103
	关闭	FN=1364	TP=38081

根据召回率和伪正率公式计算，分别得到召回率为 96.5%、伪正率为 56.1%，表明提出方法在 SourchForge 上筛选得到的五个预测指标具有较好的通用性和适用性。

3.4.2　变更请求重要性排序

本节案例数据来源于 Hadoop 及其相关项目在 JIRA 平台共计 224840 条的变更请求报告数据。实验所使用的 Hadoop 及相关项目数据统计如表 3.14 所示，可以看到 Hadoop 涉及的项目多达 54 个项目，其中 Hadoop、Hive、Hbase、HDFS 这 4 个项目的数据最多。

表 3.14　Hadoop 相关项目数据统计

项目名称	issue 数量	项目名称	issue 数量
ACCUMULO	1114	KNOX	84
AMBARI	635	KYLIN	2
AMQ	587	LEGAL	36
APEXCORE	55	LOGGING	5
APEXMALHAR	41	LUCENE	1307
AVRO	395	MAHOUT	224
BIGTOP	575	MAPREDUCE	2038
BOOKKEEPER	245	MESOS	1740
CASSANDRA	2139	MRUNIT	25
CHUKWA	104	NUTCH	443
CURATOR	47	OOZIE	458
DRILL	841	ORC	9
FLINK	461	PHOENIX	256
FLUME	583	PIG	953
GERONIMO	295	QPID	678
GIRAPH	210	REEF	652
GORA	125	SAMZA	296
HADOOP	4494	SENTRY	476
HAMA	91	SLIDER	267
HARMONY	1295	SOLR	3016

续表

项目名称	issue 数量	项目名称	issue 数量
HBASE	4387	TEZ	654
HCATALOG	165	THRIFT	696
HDFS	3734	TWILL	20
HIVE	4910	WHIRR	191
INFRA	984	YARN	2235
IVY	109	YETUS	100
KAFKA	599	ZOOKEEPER	678

1. 数据预处理

获取 Hadoop 的 JIRA 数据前先要定义关联的存储方式,我们使用字典的方式进行存储,即{"关联类型": 对应的 issue ID}。

图 3.12 是一个变更请求报告。

图 3.12 的报告关联可以存储为以下格式:

{"breaks":"HIVE-5070"},{"is_blocked_by":"HDFS-202"},{"is_related_to":"MAPR EDUCE-6219,MAPREDUCE-5603"}

通过脚本解析方式解析为(source ID,destination ID)的形式,之后,根据表 3.3 定义的关联关系进行过滤,去除没有关联并且选择在表 3.3 中定义有"→"关系的变更请求报告。通过筛选,224840 个变更请求中有 38529 对请求有"→"关系,包括 54 个项目的 46759 个变更请求节点。最后,生成两个表格,其中一个表格用于预测关闭可能性,另外一个表格用于构建变更请求关联网络,其格式如表 3.4 对应的 Gephi 输入数据格式。

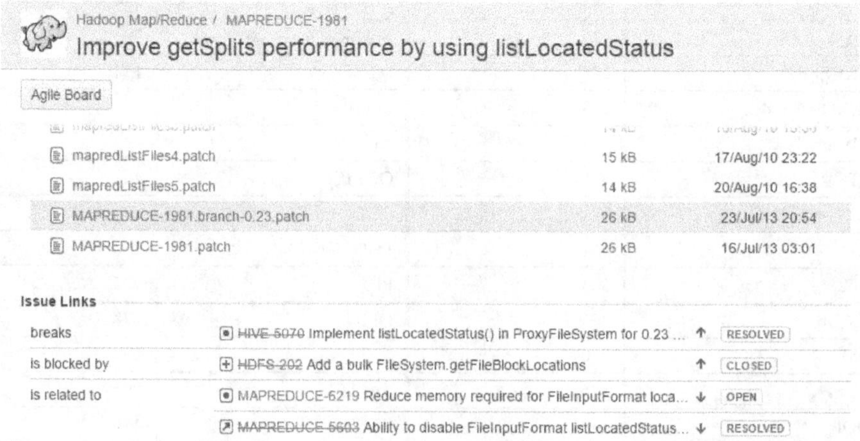

图 3.12　issue 关联关系示例

2. 变更请求节点重要性排序

使用上面预处理得到的数据,由 46759 个变更请求节点构成,共有 38529 对"→"关联关系组成的有向变更请求关联网络如图 3.13 所示。

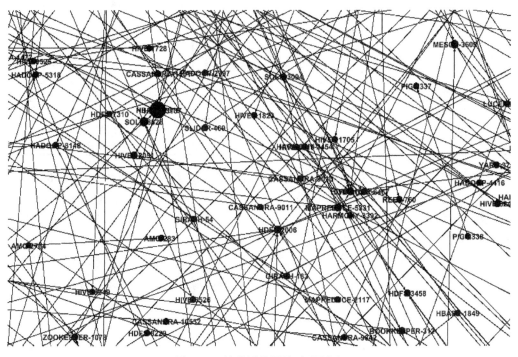

图 3.13　关联网络图构建(局部)

根据 3.3.3 定义的五个指标计算得到排序最高的 10 个(简称 Top10)变更请求报告节点统计如表 3.15 和表 3.16 所示。

表 3.15　PageRank 值和特征向量中心性值

节点 ID	PageRank 值	节点 ID	特征向量中心性值
HIVE-4660	0.001188751	HBASE-5843	1
HBASE-5843	6.66×10^{-4}	REEF-811	0.972307135
HADOOP-11010	5.60×10^{-4}	REEF-1215	0.971398777
REEF-811	5.30×10^{-4}	HIVE-4660	0.853750297
SOLR-8125	5.11×10^{-4}	SOLR-8125	0.830844779
REEF-1215	4.86×10^{-4}	REEF-1251	0.778053482
REEF-1223	4.49×10^{-4}	REEF-1223	0.739110397
HBASE-4602	4.21×10^{-4}	HBASE-7407	0.683838949
PIG-4266	3.95×10^{-4}	GIRAPH-211	0.637289749
HADOOP-9991	3.82×10^{-4}	SOLR-8680	0.633414994

表 3.16　入度、出度和度

节点 ID	入度	节点 ID	出度	节点 ID	度
HIVE-4660	113	HADOOP-8645	76	HIVE-4660	113
HBASE-5843	54	HADOOP-8562	73	HADOOP-8562	85
HADOOP-11010	51	HBASE-14414	70	HBASE-5843	84
SOLR-8125	39	HARMONY-3196	41	HADOOP-8645	79
HBASE-4602	37	REEF-1223	40	REEF-1223	77
REEF-1223	37	CASSANDRA-9012	36	HBASE-14414	71
HADOOP-9991	35	PIG-1618	32	SOLR-8125	60
PIG-4266	35	HBASE-5843	30	HADOOP-11010	51
HADOOP-11694	32	HDFS-4685	30	HADOOP-9902	44
REEF-811	28	HADOOP-9902, HDFS-3602	29	HBASE-4602	44

　　排序结果表明 PageRank 值、入度、度指标得到最重要的节点为 HIVE-4660，特征向量中心性得到最重要的节点是 HBASE-5843，出度指标得到最重要的节点为 HADOOP-8645。因此，各个指标得到的排序结果并不一致，但总体上呈现一定的规律，例如，HIVE-4660、HBASE-5843、HADOOP-8645 这三个节点在五个指标中出现在 Top10 中皆在 2 次以上，分别是 4 次、5 次、2 次。由于各个指标得到的重要性排序结果有差异，为了得到排序结果最为准确的度量指标，下面进行对比实验。

3.4.3　实验结果对比

　　在 3.2 节中使用变更请求报告的内部特征预测其得到关闭的概率，概率越高，说明处理优先级越高，越重要，因此，3.2 节预测关闭可能性是一种评判变更请求报告重要性的方法。3.3 节中，通过建立一个全局的需求变更关联网络，通过网络分析的方法对变更请求重要性进行排序，但五个指标排序得到的结果不尽相同。由于 3.2 节和 3.3 节分别从变更请求的内部和外部评价变更请求的重要性，下面将两种不同的方法进行综合比较，通过比较的方法寻找五个指标中评价结果最好的指标。

　　首先，基于表 3.15 和表 3.16 中五个指标 Top10 的节点，去除重复后得到 24 个节点，我们统计每个节点在各个指标里出现的情况，最后增加一列为 3.2 节得到的节点关闭概率预测值做对比，得到结果如表 3.17 所示。

表 3.17　不同指标值的分布

issue ID	指标	关闭概率
HIVE-4660	PageRank 值、特征向量中心性值、入度、度	0.89332
HBASE-5843	PageRank 值、特征向量中心性值、入度、出度、度	0.89984

续表

issue ID	指标	关闭概率
HADOOP-11010	PageRank 值、入度、度	0.61883
REEF-811	PageRank 值、特征向量中心性值、入度	0.84961
SOLR-8125	PageRank 值、特征向量中心性值、入度、度	0.82923
REEF-1215	PageRank 值、特征向量中心性值	0.87231
REEF-1223	PageRank 值、特征向量中心性值、入度、出度、度	0.93965
HBASE-4602	PageRank 值、入度、度	0.91043
PIG-4266	PageRank 值、入度	0.67911
HADOOP-9991	PageRank 值、入度	0.64295
REEF-1251	特征向量中心性值	0.87732
HBASE-7407	特征向量中心性值	0.99401
GIRAPH-211	特征向量中心性值	0.99989
SOLR-8680	特征向量中心性值	0.92037
HADOOP-11694	入度	0.67933
HADOOP-8645	出度、度	0.50496
HADOOP-8562	出度、度	0.99997
HBASE-14414	出度、度	0.73738
HARMONY-3196	出度	0.98648
CASSANDRA-9012	出度	0.65021
PIG-1618	出度	1
HDFS-4685	出度	0.99872
HDFS-3602	出度	0.68621
HADOOP-9902	出度、度	1

可以看到有的节点在五个指标的 Top10 里都有出现，如 HBASE-5843，这表明此节点在五个指标的排序结果中都是处于最重要的 10 个节点里。

表 3.17 的最后一列是和 3.2 节提出方法的对比，可以看到所有指标 Top10 节点得到的关闭概率皆大于 50%，表明 3.2 节从变更请求报告内部特征进行重要性度量和 3.3 节从节点关联关系进行重要性度量具有某种程度上的一致性。另外，表 3.17 中各个指标出现的次数统计展示在表 3.18 中。

表 3.18　指标出现在 5 个 Top10 中的统计

PageRank 值	特征向量中心性值	入度	出度	度
10	10	10	11	10

可以看到出度指标出现的次数最多，出度出现了 11 次，而其他指标皆出现了 10 次。

为了综合比较两种方法，考虑所有预测的节点，将局部度量指标（入度、出度、度)、全局度量指标(特征向量中心性)和随机游走指标所得结果与 3.4.1 节所得到的关闭概率进行 Pearson 相关性计算,得到如表 3.19 所示的计算结果。

表 3.19　相关性计算结果

关闭概率	PageRank 值	特征向量中心性值	入度	出度	度
Pearson	0.005	**−0.016**	0.000	**0.069**	**0.049**
显著性	0.351	**0.002**	0.940	**0.000**	**0.000**

在统计学中显著性小于 5%,即 0.05 时,表示检验指标之间具有相关的线性相关关系,Pearson 相关系数小于 0.3 表示相关的程度为弱相关。通过表 3.19 的相关性分析结果可以看到,在关联网络中最能判断节点重要性的指标是出度,虽然出度、度、特征向量中心性与关闭概率的相关程度,统计显著性小于 5%表明是相关的,只是程度比较弱。另外,关闭可能性概率和局部独立指标(出度和度)的相关性及显著性比随机游走指标 PageRank 值要好,并且关闭可能性与入度的相关性最差,与出度的相关性最好。如果出度越高,其影响的节点(后向节点)越多,更需要即时关闭,此时表明,影响一个节点重要性的主要原因往往是后向节点的数目,而不是前向节点的数目。由此也可以说明使用 PageRank 得到的结果比较差的原因。PageRank 的一个假设是前向节点越重要,则它所指向的节点重要性程度也会提高。在表 3.19 所显示的实验结果中,出度和关闭可能性的相关程度最高,即节点具有出度的数值越大,其得到关闭的可能性越大。如果节点邻接的后向节点重要程度越大,则其前向的节点越需要及时关闭,需要及时实现新功能或修复缺陷,从而更早开始后向节点所反映需求变更的开发活动。

总之,通过 Hadoop 项目群的变更请求报告关闭可能性预测和关联网络分析的实验结果对比表明,判断有关联关系的变更请求报告的重要性是复杂的,需要综合考虑变更请求报告本身的重要性以及其在关联网络中的重要性。

3.5　小　结

在开源软件项目实践中,开发者处理 issue 跟踪系统中变更请求报告往往需要花费大量的时间和精力。因此,对海量的变更请求报告进行重要程度排序就变得十分重要。本章从变更请求报告本身特征以及变更请求报告之间具有关联关系两个维度出发,使用真实的开源项目数据进行实验验证,得到如下两个方面的结论。

(1)利用变更请求报告关闭可能性的预测方法可以判断个体变更请求报告的重要性。

通过对实验结果进行分析,本章提出的方法在 19 个 SourceForge 项目上得到召回率在 85%以上的较高预测性能，构建预测模型时使用的五个特征指标是报告标题长度 NTITLELEN、报告的行数 NREQLINE、报告含有的附件数 NREQATTACH、开发者参与讨论的次数 NREQOWNER 和报告的等待生存时间 REQWAITDAY。使用这五个指标输入预测模型，计算得到的关闭概率越高，则表明变更请求报告的重要程度越高。同样将这五个指标迁移到 JIRA 平台的 Hadoop 项目群上，得到 96.5%的召回率，说明本章方法具有较强的通用性和适应性。

此外，开发者还需要关注那些实际为开放状态却预测为关闭状态的变更请求报告。由于逻辑回归模型的输入变量报告等待生存时间 REQWAITDAY 和开发者参与讨论次数 NREQOWNER 会随着报告的演化而不断变化，现在为开放状态的变更请求报告在将来也有可能会关闭。在预测变更请求报告关闭可能性时，伪正率表示现在开放状态的变更请求在下一版本中可能会关闭。伪正率的预测可以让开发者了解 issue 跟踪系统中需要进一步处理的变更请求报告工作量，进而分配合理的时间、精力和成本等资源。

通过在 20 个测试项目上得到平均召回率 94%和平均伪正率 14%的结果，说明这 20 个测试项目中 19 个项目具有较高的召回率，另外一个较低的也达到 62%，意味着用本章方法构建的模型具有较好的预测性能，选择的测试数据集项目平均有 14%的变更报告需要进一步优先处理。

变更请求报告是在不断演化的。量化和预测这些处于开放状态且不断演化的报告在下一版本中得到关闭的可能性，给开发者提示这些报告的重要性，关注那些优先级比较高的报告，辅助开发者分派变更请求报告以及改善现有的 issue 跟踪系统设计，这在 SourceForge、GitHub、Apache 等部署有 issue 跟踪系统的开源软件项目开发实践中具有广泛的应用意义。预测变更请求报告关闭的可能性还可应用于预测软件开发和维护过程任务的需求工作量，为改善软件过程活动提供指导。

(2) 利用变更请求关联网络度量指标来判断相互关联变更请求报告的重要性。

issue 跟踪系统中存在大量相互依赖、影响的变更请求报告。本章利用网络节点重要性分析的方法识别变更请求网络中重要的变更请求，通过度量网络节点重要性的局部和全局指标的对比发现，局部指标更能反映变更关联网络中重要的节点。实际通过 Hadoop 项目群的数据分析实验表明，后向节点的变更请求报告会影响其前向节点得到关闭的可能性，即如果一个变更请求有多个关联，则其是否得到尽快关闭的可能性主要在于和其有关联的后向节点的紧急重要程度，而不是前向节点的重要程度。例如，A→B 的关联关系中，A 是 B 发生的原因，前向节点 A 的重要性并不会影响 B 节点的重要程度，但后向节点数目 (即出度) 会影响节点 A 的重要性，后向节点数目越多，A 影响的节点数目数目越多，A 得到关闭的可能性越大。

通过两种不同方法对变更请求报告的内部特征和外部关联关系的度量，利用 SourceForge 和 JIRA 项目实际数据实验发现，影响一个变更请求报告得到关闭可能性除了报告的内部特征外，还受外部相关联的变更请求报告影响，主要受后向邻接节点具有的重要性的影响。因此，在预测变更请求报告重要性时需要综合考虑变更请求报告本身以及变更间的关联关系。

但本章提出的方法也存在很多不足之处。

(1) SourceForge 的 20 个测试项目有 5 个项目没有预测到可能关闭的变更请求。这 5 个项目上的召回率全部为 100%，即全部关闭的变更请求都被正确分类。但这 5 个项目没有预测到任何一个未来可能关闭的变更请求报告。当然也有可能随着变更请求报告的演化，这种情况会发生改变。但仍然说明本章的预测模型有改进的空间，有可能根据需要调整截止点以及结合自然语言处理技术，构建变更请求报告的单词向量空间，进行更为精确的预测。

(2) 定义的指标没有衡量变更请求报告内容词汇特征和评论文本特征。本章没有定义指标来衡量报告文本具有的音节数目、平均单词长度等词汇特征，也没有定义指标来衡量变更请求报告的讨论对话包含的解决方案、详细变更请求询问以及解答问题疑惑等特征。

(3) 本章筛选的最佳预测指标集合使用的数据样本较小。在寻找一个通用的预测指标集合时，只使用了 20 个 SourceForge 不同类别的项目。

(4) 没有对各个指标与变更请求报告关闭可能性的具体影响进行分析。在构建逻辑回归方程时得到的系数是有意义的，系数的符号可以解释为指标对变更请求报告得到关闭可能性的相关方向(促进、抑制、没有影响)，每一个系数值的大小粗略地说明具体指标对变更请求报告得到关闭的可能性的影响，Hosmer 和 Lemeshow(2004) 详细说明了如何将这些系数转化为具体的概率。

(5) 没有对预测为"伪正"的变更请求报告进一步确认其真实应该具有的状态。如果对这些预测为"伪正"的变更请求报告及其评论进行逐个人工阅读判断，将变更请求报告应当具有的实际状态与预测的状态进行比较，可以更准确地评价预测模型的性能。

(6) 在关联图定义过程中，没有考虑关联关系的权重以及项目内和项目外的关联关系权重。变更请求之间不同类型的关联关系代表不同的含义，目前所定义的关联网络不考虑关联关系的权重大小。对这些权值的确定，可以根据专家小组对关联关系类型进行论证或者对开源项目开发者进行问卷调查来确定，并用后向传播神经网络学习方法不断优化。

总之，上述关于个体需求变更的研究成果可以为项目组预测变更请求优先级奠定基础，但在考虑不断引入新变更请求时，通过变更关联性网络构建及网络重要节点分析得到的需求变更优先级结果还需进一步研究，因此，下一章将采用技术债务方法，针对新变更请求引入问题，进一步对需求变更影响进行研究。

参 考 文 献

刘建国, 任卓明, 郭强, 等. 2013. 复杂网络中节点重要性排序的研究进展. 物理学报, (17): 9-18.

任晓龙, 吕琳媛. 2014. 网络重要节点排序方法综述. 科学通报, 59(13): 1175-1197.

Abdou T, Grogono P, Kamthan P. 2013. Managing corrective actions to closure in open source software test process//International Conference on Software Engineering and Knowledge Engineering, Boston.

Alenezi M, Banitaan S. 2013. Bug reports prioritization: which features and classifier to use?//The 12th International Conference on Machine Learning and Applications, Toki Messe.

Ali N, Antoniol G. 2013. Mining software repositories to improve the accuracy of requirement traceability links. IEEE Transactions on Software Engineering, 39: 725-741.

Anvik J, Hiew L, Murphy G C. 2006. Who should fix this bug//The 28th International Conference on Software Engineering, Shanghai.

Anvik J. 2007. Assisting bug report triage through recommendation. Columbia: University of British Columbia.

Arora C, Sabetzadeh M, Goknil A, et al. 2015. NARCIA: an automated tool for change impact analysis in natural language requirements//The 10th Joint Meeting on Foundations of Software Engineering, Bergamo.

Bagnall A J, Rayward-Smith V J, Whittley I M. 2001. The next release problem. Information & Software Technology, 43: 883-890.

Bettenburg N, Just S, Schrter A, et al. 2007. Quality of bug reports in Eclipse//The 2007 OOPSLA Workshop on Eclipse Technology eXchange, Montreal.

Bettenburg N, Just S, Schrter A, et al. 2008. What makes a good bug report?//The 16th ACM SIGSOFT International Symposium on Foundations of Software Engineering, Atlanta.

Bonacich P. 1972. Factoring and weighting approaches to status scores and clique identification. The Journal of Mathematical Sociology, 2: 113-120.

Carlshamre P, Sandahl K, Lindvall M, et al. 2001. An industrial survey of requirements interdependencies in software product release planning//IEEE International Symposium on Requirements Engineering, Toronto.

Chambers J M, Hastie T J. 1991. Statistical Models in S. Boca Raton: CRC Press.

Chaturvedi K K, Singh V B. 2012. Determining bug severity using machine learning techniques//The 6th International Conference on Software Engineering, Indore.

Čubranić D. 2004. Automatic bug triage using text categorization//The 16th International Conference on Software Engineering & Knowledge Engineering, Banff.

Ernst N A, Murphy G C. 2012. Case studies in just-in-time requirements analysis//The IEEE

International Workshop on Empirical Requirements Engineering, Chicago.

Garousi V, Leitch J. 2010. IssuePlayer: an extensible framework for visual assessment of issue management in software development projects. Journal of Visual Languages & Computing, 21: 121-135.

Giger E, Pinzger M, Gall H. 2010. Predicting the fix time of bugs//The 2nd International Workshop on Recommendation Systems for Software Engineering, Dublin.

Goknil A, Kurtev I, Berg K V D, et al. 2014. Change impact analysis for requirements: a metamodeling approach. Information & Software Technology, 56: 950-972.

Greenberg S. 2009. The social nature of issue tracking in software engineering. Calgary: University of Calgary.

Heck P, Zaidman A. 2014. Horizontal traceability for just-in-time requirements: the case for open source feature requests. Journal of Software: Evolution and Process, 26: 1280-1296.

Hooimeijer P, Weimer W. 2007. Modeling bug report quality//The 23nd IEEE/ACM International Conference on Automated Software Engineering, Atlanta.

Hosmer Jr D W, Lemeshow S. 2004. Applied Logistic Regression. New York: Wiley.

Howison J, Conklin M, Crowston K. 2006. FLOSSMole: a collaborative repository for FLOSS research data and analyses. International Journal of Information Technology and Web Engineering, 1: 17-26.

Ilyas M U, Radha H. 2011. Identifying influential nodes in online social networks using principal component centrality//The IEEE International Conference on Communications, Kyoto.

Jönsson P, Lindvall M. 2005. Impact Analysis//Engineering and Managing Software Requirements. Heidelberg: Springer, 117-142.

Kanwal J, Maqbool O. 2010. Managing open bug repositories through bug report prioritization using SVMs//The International Conference on Open-Source Systems and Technologies, Lahore.

Kanwal J, Maqbool O. 2012. Bug prioritization to facilitate bug report triage. Journal of Computer Science and Technology, 27: 397-412.

Kong W K, Huffman H J, Dekhtyar A, et al. 2011. How do we trace requirements: an initial study of analyst behavior in trace validation tasks//International Workshop on Cooperative and Human Aspects of Software Engineering, Waikiki.

Lamkanfi A, Demeyer S, Giger E, et al. 2010. Predicting the severity of a reported bug//The 7th IEEE Working Conference on Mining Software Repositories, Cape Town.

Lee W T, Deng W Y, Lee J, et al. 2010. Change impact analysis with a goal-driven traceability-based approach. International Journal of Intelligent Systems, 25: 878-908.

Li B, Sun X, Leung H, et al. 2012. A survey of code-based change impact analysis techniques. Software Testing Verification & Reliability, 23: 613-646.

Loconsole A, Börstler J. 2005. An industrial case study on requirements volatility measures//The 12th

Asia-Pacific Software Engineering Conference, Taipei.

Martakis A, Daneva M. 2013. Handling requirements dependencies in agile projects: a focus group with agile software development practitioners//The IEEE International Conference on Research Challenges in Information Science, Paris.

Menzies T, Marcus A. 2008. Automated severity assessment of software defect reports//The IEEE International Conference on Software Maintenance, Beijing.

Merten T, Krmer D, Mager B, et al. 2016. Do information retrieval algorithms for automated traceability perform effectively on issue tracking system data?//International Working Conference on Requirements Engineering: Foundation for Software Quality, Berlin, 45-62.

Pfahl D, Lebsanft K. 2000. Using simulation to analyze the impact of software requirement volatility on project performance. Information and Software Technology, 42: 1001-1008.

Raymond E. 1999. The cathedral and the bazaar. Knowledge. Technology & Policy, 12: 23-49.

Schweik C M, English R, Haire S. 2009. Factors leading to success or abandonment of open source commons: an empirical analysis of Sourceforge.net projects. South African Computer Journal, 43:1-13.

SEI. 2010. Capability maturity model integration (CMMI). Pittsburgh: Carnegie Mellon University.

Shi L, Wang Q, Li M. 2013. Learning from evolution history to predict future requirement changes//The 21st IEEE International Requirements Engineering Conference (RE), Rio de Janeiro.

Stark G E, Oman P, Skillicorn A, et al. 1999. An examination of the effects of requirements changes on software maintenance releases. Journal of Software Maintenance, 11: 293-309.

Tan P N. 2006. Introduction to Data Mining. London: Pearson.

Uddin J, Ghazali R, Deris M M, et al. 2016. A survey on bug prioritization. Artificial Intelligence Review, 1-36.

Valdivia G H, Shihab E. 2014. Characterizing and predicting blocking bugs in open source projects//The 11th Working Conference on Mining Software Repositories, Hyderabad.

Weiss D, Entry B E X. 2005. A large crawl and quantitative analysis of open source projects hosted on SourceForge. Sydney: University of Technology.

Zhang H Y. 2009. An investigation of the relationships between lines of code and defects// IEEE International Conference on Software Maintenance, Edmonton.

Zhang J, Wang X, IIao D, et al. 2015. A survey on bug-report analysis. Science China Information Sciences, 58: 1-24.

Zhang Y, Harman M, Lim S L. 2013. Empirical evaluation of search based requirements interaction management. Information & Software Technology, 55: 126-152.

Zowghi D, Nurmuliani N. 2002. A study of the impact of requirements volatility on software project performance//The 9th Asia-Pacific Software Engineering Conference, Queensland.

第 4 章　基于技术债务的软件需求变更影响分析

在软件过程中，软件项目团队为了快速达到一个短期目标，例如，新功能升级或缺陷修复，他们可能会选择暂时忽略新引入变更产生的影响，在开发中走"捷径"（Alves et al., 2015）。技术债务就被用来比喻这样做所导致的长期且维护代价逐渐增加的后果。随着技术的飞速发展以及应用环境的不断变化，在软件演化过程中，需求变更不可避免，新的变更请求不断提出。因为估算失误而推迟某些需求变更的实现可能会影响到其他需求变更的实现，而由工期被迫快速实现某些需求变更，则有可能引入新的技术债务，这两种情况都会对软件的长期健康发展造成不可预知的影响，我们将其称为需求变更技术债务。对软件需求变更技术债务的研究，本质上是研究软件需求变更的影响。然而，需求变更技术债务至今没有明确定义和量化方法（Ernst, 2012），因为它和真正的债务之间存在两个根本区别：第一，软件需求变更技术债务到底是什么？仍然是不明确的；第二，真正的债务有利率，即债务带来的影响，而需求变更技术债务对软件带来的影响如何？是否随时间增长？增长速度如何？这些问题也都是不明确的。而且，如何量化这些需求变更技术债务是一个很大的挑战。

本章的研究目标就是通过定义和量化软件项目中的需求变更技术债务，来推进对软件项目中需求变更影响的理解和管理。希望帮助软件分析师准确地检测和量化需求变更技术债务，并且对这些债务的优先级进行排序。这样，软件项目的参与者可以在对项目的管理中做出更明智的决策。

4.1　软件技术债务

在实际的软件项目开发过程中，由于预算受限、时间或者资源短缺等，项目计划与软件质量常常会发生冲突。在这种情况下，一方面可以投入更多的成本来保障软件质量，另一方面则可能选择用质量较差的软件或技术来满足预算和发布时间。这种现象就是软件从业者所熟悉的技术债务，它是由 Ward 于 1992 年提出的，用来描述开发人员在短期收益和长期的软件健壮性之间的权衡。

虽然技术债务概念已经提出了二十多年，但近几年来才受到重视。它最初涉及软件实现(即在代码级别)，目前已经逐渐扩展到了软件架构、软件设计，甚至文档、需求和测试。技术债务既可以有益于软件项目，又可以损害项目(Tom & Aurum, 2013)。如果技术债务的成本保持可见并受到控制，那么，在某些情况下，开发团队可能会选择承受一定的技术债务,以获得业务价值。但更多的情况是无意中产生了技术债务,这意味着项目经理和项目团队不知道技术债务的存在、位置和后果。如果不及时发现并偿还,那么技术债务就会逐渐累积,这将对项目维护和演化造成不可估算的后果。

近几年来,在软件工程领域,技术债务获得了越来越多的关注,对技术债务的研究也有了长足发展。Li 等人(2014)检索了 1665 多篇有关技术债务的文献,其中有 94 篇研究了软件技术债务的定义、分类及管理相关方法。Zazworka 等人(2011a)通过分析两个商业项目,研究了设计债务对软件质量的影响,之后,他们从技术债务识别量化的角度,选择了模块违规、污点积累、代码嗅探和自动静态分析这四种识别检测技术债务的主要方法,应用到 Apache 的项目中,不同的方法识别出了不同的技术债务所在(Zazworka et al., 2014)。Ho 和 Ruhe(2015)从技术债务管理视角,研究两种截然不同的交付策略,即快速交付和低返工成本,进而对软件架构进行评估度量,并在一个具体的软件项目中展示了架构的重要性,以及技术债务与产品交付相关的决策信息。Behutiye 等人(2017)则将遗传算法应用到技术债务管理中,在实现新需求和偿还旧债务之间寻求最优解。在代码层,Letouzey 和 Ilkiewicz(2012)提出了利用 SQALE(software quality assessment based on lifecycle expectation)方法量化和管理代码中的技术债务。在需求领域,目前只有 Ernst(2012)提出对需求债务的定义,即在域假设和约束条件下,最优需求规范与实际系统实现之间的距离,并讨论了需求债务可能存在的形式。Maldonado 和 Shihab(2015)提出了一种自我识别的技术债务,这种技术债务是通过需求变更报告的评论内容来识别的,如果在评论中检测到关于技术债务的关键词,就定性为技术债务。通过这种方法,Maldonado 在不同实际项目中识别了不同数量的技术债务,并通过人工统计归纳这些技术债务的特征。除此以外,至今还没有需求变更技术债务的量化和管理方法。

4.1.1　软件技术债务分类

对技术债务的研究,早期主要关注于通过概念化技术债务的现象和分类,建立技术债务研究的基础。技术债务有多重分类方式。Li 等人(2014)根据软件生命周期的不同阶段,将技术债务分成为下十种类型。

(1)需求债务:在域假设和约束条件下,最优需求规范与实际系统实现之间的距离。

(2)架构债务:是由一些内部质量(例如,可维护性)做出妥协的架构决策引起的技术债务。

(3)设计债务:是指在某些不够健壮的设计或者需要重构的代码块。

(4)代码债务:是指违反了最佳的编码规则而引发的技术债务,例如,简单的代码复制和过度的代码复用。

(5)测试债务：是指计划却没有实行的测试。

(6)构建债务：是指软件系统在构建过程中产生缺陷，使构建过于复杂和困难。

(7)文档债务：指软件开发过程中各个方面的不完整或过时文档，包括过时的架构文档和缺少代码注释等。

(8)基础设施债务：是指开发相关过程、技术、支持工具等的次优配置，这种次优配置对团队生产优质产品的能力产生不利影响。

(9)版本控制债务：是指源代码版本控制的问题，例如，不必要的代码分支等。

(10)缺陷债务：是指在软件系统中发现的缺陷、错误或故障而导致的技术债务。

在技术债务的十种类型中，代码债务是研究最多的，测试债务、架构债务、设计债务、文档债务和缺陷债务也受到重视，而需求债务、构建债务、基础设施债务和版本管理债务尚未受到重视(Kruchten et al., 2012)。

4.1.2　软件技术债务来源

软件技术债务通常由紧张的资源供给(如有限的预算和开发时间)以及不规范的软件开发过程(例如，没有及时整理文档或不按编码规范编码)等原因造成(Wehaibi et al., 2016)。具体来源可以分为以下几种。

(1)不良行为。

有时，开发人员需要降低某些软件质量指标(如可维护性)以获得短期收益和为了软件的长期健康考虑提升软件质量这两项决策间做出抉择(Codabux & Williams, 2016)。没有按照代码健壮性要求编写的代码从表面上看可能会加快工作效率，但从长远来看，会使得软件工程其他阶段(如维护阶段)的效率降低。设计糟糕的源代码也会为日后软件的修改和升级工作带来风险，因为一个较小的改动可能会破坏到软件的其他组件。

不良的软件设计通常是因为开发团队某个成员的不良软件编写习惯，在无意中引入了技术债务。如果对软件开发过程没有合适的控制措施，技术债务便会逐渐积累，例如，如果系统中保存了错误的输入数据，数据质量会下降，并可能导致用户在使用软件时出现严重的问题(Bellomo et al., 2016)。因此，忽视软件开发过程的控制将会导致软件健壮性低，并降低安全系数(Vathsavayi & Systa, 2016)。

(2)缺乏协作和有效沟通。

软件开发与维护是一项需要团队协同规划、集思广益和详细设计的工作。在软件过程中错误的决策和设计都是很难避免的，通过团队的协作可以尽量减少错误，将每个人的优势最大化，以此来推动项目进行(Ho, 2014)。然而，当一些项目参与人员对决策后果的理解不全面时，往往会导致技术债务的产生，因为某些人员的决策往往会影响到其他的利益相关者。业务人员与技术人员的沟通困难也经常会导致项目出现问题，对于非技术人员，可能没有合适的方式与技术部门对一些技术问题进行沟通。因此，企业往往缺乏全局视野和沟通渠道，这就会导致技术债务的出现。使企业中各方的相关人员对产品质量的评估和管理达成一致，可以促进各部门间为了达成共同目标而进行更有效的合作，从而减少因沟通不畅产生的技术债务。

(3) 过于乐观。

因为项目团队过于乐观的估计而制定出的目标也往往会导致技术债务。在敏捷开发环境中，开发人员会根据对现有资源的估计制定出短期开发目标，而这些估计有一定出错的概率(Guo et al., 2011)，例如，对开发速度过于乐观而制定出过短的交付周期，给开发人员带来进度压力，导致开发人员在软件质量方面进行妥协，从而使技术债务在整个迭代周期中产生的概率大大增加(Zazworka et al., 2011b)。

4.1.3　软件技术债务的管理和度量

完美的软件，即没有任何缺陷的软件，是不切实际的，每个软件项目都会有一定的技术债务。如果有意或无意引进的技术性债务可以如同经济学上的债务一样，以相同的方式进行管理，那么资本、利息和增长率将由项目技术人员控制，项目经理就可以更好地实现成本之间的平衡，这将有利于软件项目的短期收益和长期利益。

由于借鉴了经济学的"债务"的概念，软件技术债务也包括本金和利息(Zazworka et al., 2011b)。本金是完成以前未完成的任务所需的金额(如升级软件新功能所需的人力和时间等)，利息意味着如果应该完成的任务不是现在完成，为此需要支付额外的开销(如因升级新功能而引发的漏洞)。

Letouzey 和 Ilkiewicz(2012)提出一种基于过程的软件质量评估方法，用于估计代码技术债务，该方法对软件应用程序的源代码质量进行评估，构建一个估计技术债务的模型，该模型定义了所有质量属性的技术债务价值的总和。同时，定义所有非维护成本的业务影响。然后，使用技术债务和业务影响两个维度来生成债务地图，用于根据成本和效益分析选择最佳修复计划。该方法的缺点是修复指标没有明确的定义，此外，没有提供计算利息的方法。不过，他们给出了如何应用 SQALE 来管理技术债务并获得维修解决方案优先级。

Curtis 等人(2012)提供一个简单的公式来计算代码技术债务的本金，并根据公式计算了 745 个项目的技术债务本金，得到每行代码的平均债务为 3.61 美元。同时，他们分析比较了不同技术和不同编程语言的技术债务，在分析了 745 个项目后，他们提供技术债务分布，发现 70%的债务与变动性和可转换性相关，其余与稳健性、安全性和业绩有关。然而，这种方法也没有给出利息的度量方法。

Nugroh 等人(2011)提出了一种基于软件质量等级来衡量技术债务本金和利息的方法，用于衡量软件可维护性。他们将技术性债务定义为修复质量问题的成本，将利息定义为因修复这些质量问题造成的额外维护成本。

4.2　软件需求变更技术债务

在软件的整个生命周期中，需求不断发生变更，特别是在大型软件项目的版本演化过程中，每天都有许多需求变更请求由用户或者开发人员提出，例如，在 Hadoop 和 Spring Framework 项目的 issue 跟踪系统中已经存储了上万条软件相关需求变更请求报告。如何妥善地处理这些变更请求，并准确地估算这些变更的影响，已成为了一个难题。

在研究中观察到，有些需求变更因为处理方式不恰当，而引发了后续不断出现的新问题，技术债务就是用来比喻这种解决了短期问题却造成长期花费积累的后果。由需求变更引入的技术债务，将其定义为需求变更技术债务，并根据产生债务的方式不同，将需求变更技术债务分为两种基本类型，一种是被延迟实现的需求变更，短期看来并没有影响，实际上已经欠下了债务，在后期将会阻碍软件发展；另一种是被迫快速实现的需求变更，由于技术方法不成熟或者考虑不全面等，而引入新的技术债务，造成了后期维护费用的积累。这两种需求变更技术债务都对软件的长期发展造成了不可预知的后果。

4.2.1　软件需求变更技术债务定义和量化

如今，在技术不断更新、应用环境不断变化的情况下，软件的更新速度越来越快，需求的变更不可避免。那种自顶向下的开发模式，在需求设计阶段就直接设计出完美的软件蓝图已经成为过去。现在的问题是，如何更好地管理在软件演化过程中不断发生、不可避免的需求变更。在软件演化阶段，往往通过人工来确定是否进行需求变更，这就会出现这种情况，软件开发管理人员无法准确估算需求变更对软件带来的影响和收益，导致某些需求变更的未完成或者快速完成，给软件的发展带来不可预知的后果。这种为了实现短期的效益而没有考虑到软件长期发展的需求变更，将其定义为需求变更技术债务。

目前，大型开源项目 Hadoop 通过 issue 跟踪系统来跟踪管理变更请求。变更请求在软件演化过程中，由用户或者开发人员提交，其本质上反映了变更需求（Ortu et al., 2015）。到 2017 年，Hadoop 项目的 issue 跟踪系统中已经记录了 12000 多个变更请求，其中最多的是漏洞，占 54%，其次是改进，占 26%，子任务和新功能分别占 8% 和 6%，如图 4.1 所示。

通过研究这些 issue，发现没有被妥善处理的变更请求将引发一系列的不良后果，例如，在 2011 年 5 月 27 日，一个名为 dhruba borthakur 的用户提交了编号为 HDFS-2006、类型为改进的变更请求，如图 4.2 所示，他希望 HDFS 能够提供存储文件的扩展属性，但是，当时项目开发团队认为这个变更请求并没有什么用处，开发人员因而也没有处理这个变更请求。

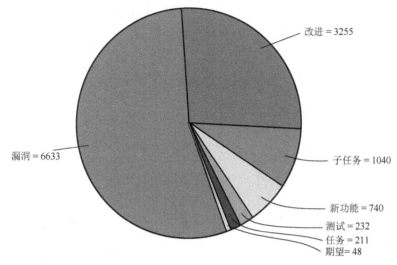

图 4.1　变更请求报告类型分布

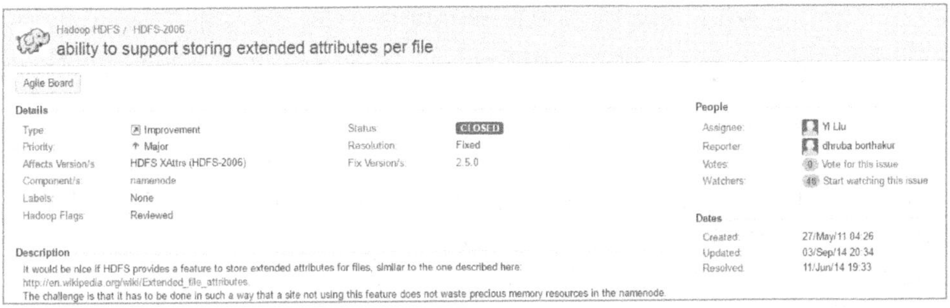

图 4.2　HDFS-2006 报告页面

2013 年 8 月 29 日，编号为 HADOOP-10150 的变更请求由 Yi Liu 提出，请求添加一个特性来保护 Hadoop 中数据的安全，而这个特性的实现需要之前 HDFS-2006 提供存储文件的扩展属性，因此，开发人员先实现 HDFS-2006 后再实现 HADOOP-10150。这两个需求变更请求之间的关系如图 4.3 所示。

同时，类似于 HADOOP-10150 的新特性 HDFS-6134 被提出，要求在 HDFS 中提供安全性。当项目组实现了这两个需求变更后，用户在使用过程中发现一个新漏洞，其编号为 HADOOP-11286，至此，4 个需求变更间产生了如图 4.4 所示的影响关系。之后，越来越多相关的漏洞被发现，也有其他相关新的需求变更不断提出，最后形成了如图 4.5 所示的需求变更相互影响的庞大复杂网络。

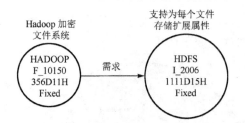

图 4.3　HDFS-2006 与 HADOOP-10150 关系图

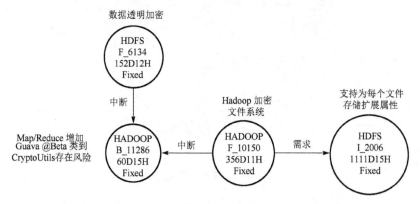

图 4.4　增加 HDFS-6134 和 HADOOP-11286 的关系图

这种影响其他需求变更，造成额外花费的需求变更，被称为需求变更技术债务，而相关联的其他变更请求集合称为债务利息。需求变更技术债务可以用有向图表示，其中各个节点代表了不断提出的需求变更，而边代表了需求变更之间的影响关系，需求变更节点上的属性保存了节点的相关信息，因此，下面先给出需求变更影响关系图定义，然后给出需求变更技术债务定义。

定义 4.1　需求变更影响关系图 G 是一个三元组 $G=(V,R,O)$，其中：

(1) V 是需求变更节点集合，$\forall v \in V$ 是一个需求变更节点。

(2) $R \subseteq (V \times V)$ 是需求变更节点间影响关系集合，定义为节点间二元偏序关系集合，$V \times V = \{(v,v') \mid v,v' \in V \wedge v \text{影响} v' \wedge (v,v') \mapsto A\}$，$\mapsto$ 是映射关系，A 表示影响关系类型集合，$\forall a \in A$ 是一个需求变更对另一个需求变更的影响关系类型。

(3) O 是需求变更节点的属性信息集合，$\forall o \in O$ 是一个需求变更节点的属性值。

软件需求变更的属性根据实际研究对象来确定。在 Hadoop 项目的 issue 跟踪系统中，属性信息可以分为状态信息、人员信息、时间信息、模块信息。状态信息包括变更请求编号、变更请求类型、缺陷报告描述、报告当前所处状态等。人员信息包括缺陷报告的提交者和当前指派人员信息。时间信息分为包括变更请求提交时间、最后一次更新时间以及解决时间。模块信息指的是变更请求所在的项目、组件以及版本等。

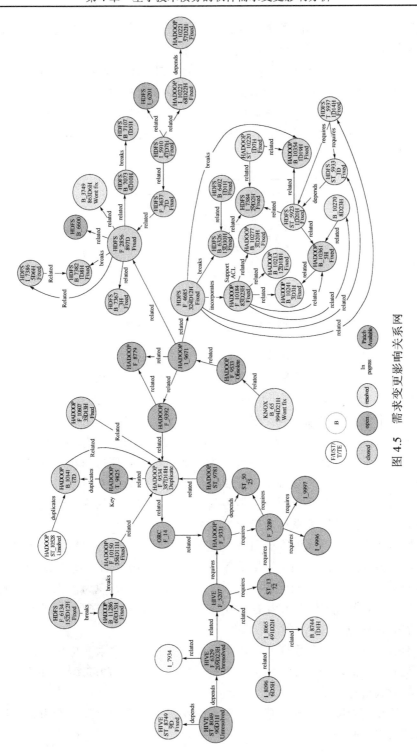

图 4.5　需求变更影响关系网

　　在软件项目生命周期的各个阶段，每一个变更请求的提出都是一个潜在的需求变更技术债务。简单的变更请求对项目影响不大，很容易就实现；而有些变更请求比较复杂，不及时妥善处理将引发不可预计的后果，甚至威胁到软件的质量。因此，根据产生债务的情况不同，将需求变更影响关系分为两种基本类型。图 4.6 表示了这两种不同的需求变更影响关系类型随时间的变化情况，其中，横坐标表示时间，纵坐标表示需求变更的花费（例如，时间花费、人力花费、物力花费等），花费的增长意味着债务的积累。

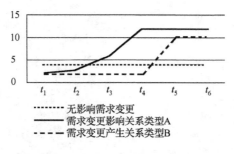

图 4.6　需求变更影响关系类型

　　在图 4.6 中，无影响的需求变更，除了需求变更本身的花费以外，不影响其他需求变更，所以不产生其他额外的花费。但需求变更极少独立存在，在软件维护与演化过程中，一些需求变更提出后没有被实现，可能会影响到其他需求变更的完成，只要这些需求变更不实现，其他被影响的需求变更也将无法实现，导致欠下的债务越来越多 (Svensson & Höst, 2005)，这类需求变更在图 4.6 中表现为需求变更影响关系类型 A，受 A 影响而不能实现的需求变更越来越多，债务值也越来越大，导致所需总的花费也越来越大。到 t_4 后，受影响的需求变更数量到达最大值，债务值不再积累。需求变更影响关系类型 A，债务值越大，其被完成的优先级越高，这种影响到其他需求变更完成的关系称为影响类关系。

　　另外有些需求变更因为重要而被快速实现，但是由于时间紧迫或者考虑不全面，虽然实现了需求变更，达到了短期的效益，却在后期引发了一系列的问题，导致维护花费的增长，这种需求变更影响关系类型在图 4.6 中表现为需求变更影响关系类型 B，t_4 之后花费增加是因为由 B 产生了其他的变更需要修复，这种产生了其他需求变更的关系称为产生类关系。

　　基于需求变更影响关系图，下面用时间花费来度量需求变更技术债务。当然，需要说明的是，需求变更技术债务还可以用代码或人力物力花费来进行度量，或采用综合的方式进行度量。

　　以时间花费为度量方式，首先，定义解决需求变更的时间花费为变更请求的解决时间减去提出时间，即

$$C = T_{\text{RE}} - T_{\text{CR}}$$

其中，C 表示解决一个需求变更请求的时间花费，T_{RE} 是需求变更请求的解决时间点，T_{CR} 是需求变更请求的提出时间点。接下来，基于需求变更影响关系图和变更请求时间花费，给出软件需求变更技术债务定义。

定义 4.2　软件需求变更技术债务是指需求变更快速实现或没有实现所带来的时间花费，分为本金和利息，其中，本金指需求变更本身的时间花费，利息是指该需求变更影响的其他需求变更的时间花费。

需求变更技术债务的量化步骤如图 4.7 所示。

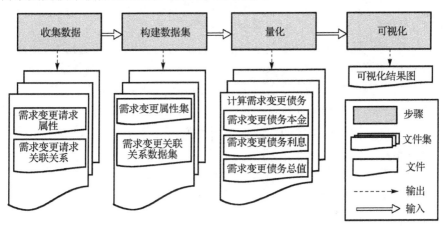

图 4.7　需求变更技术债务量化步骤图

步骤 1：收集数据。从软件项目中收集历史需求变更数据，包括需求变更的属性和需求变更之间的关联影响关系。

步骤 2：构建数据集。从收集的数据中筛选出需要的需求变更属性和关联关系，分别构成属性集和关联关系数据集。通过属性和关系构建出需求变更影响关系图，即需求变更技术债务图。

步骤 3：量化。计算出项目中每个需求变更技术债务的本金和利息，将本金和利息相加，就可以得到每个需求变更技术债务值。

步骤 4：可视化。对需求变更技术债务量化结果进行可视化，以直观地看到项目中需求变更技术债务情况，有利于理解和分析。

最后将需求变更技术债务量化为两部分组成，一部分是本金，另一部分为利息。计算公式如下：

$$D = C_R + \sum_{i=1}^{m} \sum_{j=1}^{n} l_i r_x c_{ij}$$

其中，D 表示需求变更技术债务值，C_R 表示需求变更技术债务本身的花费，即债务的本金，c_{ij} 表示需求变更所影响的第 i 层（$1 \leqslant i \leqslant m$）、第 j 个需求变更的花费，即需求变更技术债务的利息。系数 l_i 表示影响的需求变更的强度系数，系数 r_x（$1 \leqslant x$）表示不同的影响关系类型，这两个系数分别从需求变更影响关系层级和关系类型两方面来描述需求变更之间影响的强度。

4.2.2　基于边际贡献的需求变更优先级

上一节提出基于需求变更技术债务定义和量化研究需求变更影响的方法，本节借助经济学中"边际贡献"的思想，用需求变更的边际贡献辅助找出影响大的需求变更并优先解决。在定义 4.1 中，需求变更影响关系类型定义为影响类关系和产生类关系，本节基于经济学中边际贡献概念，将需求变更影响关系分为可变成本类变更影响关系和收入类变更影响关系。可变成本类变更影响关系是指需求变更的实现会增加其他需求变更实现代价，定义为成本；收入类变更影响关系是指需求变更的实现会给其他需求变更带来收益，定义为收益。借助经济学边际贡献概念的目标是希望通过需求变更边际贡献值的计算，得到一个相对节省开支、增大利益的需求变更优先级关系。

在前面需求变更技术债务的量化过程中，可以得到每一个需求变更技术债务的债务值，接下来，将与一个需求变更具有可变成本类需求变更影响关系的需求变更债务值之和看成该需求变更的可变成本；将与一个需求变更具有收入类变更影响关系的需求变更债务值之和看成该需求变更的销售收入。把需求变更对项目的贡献定义为需求变更的边际贡献，边际贡献由可变成本和销售收入组成，表现为销售收入和可变成本的差值。

定义 4.3　需求变更边际贡献是指需求变更对项目的贡献力，分为销售收入和可变成本两个部分。销售收入指的是与该需求变更具有收入类关联关系的需求变更债务值之和。可变成本指的是与该需求变更具有可变成本类的需求变更债务值之和。需求变更边际贡献值等于销售收入减去可变成本。

需求变更的边际贡献公式如下：

$$\text{RTCM} = \sum_{i=1}^{m} D_i(a - p)$$

其中，RTCM 表示需求变更的边际贡献，D_i 表示与这个需求变更具有变更影响关系的需求变更技术债务值，a 表示需求变更之间的变更影响关系为收入类变更影响关系，p 表示需求变更之间的变更影响关系为可变成本类变更影响关系。

在经济学中，边际效应是指与前一单位相比，最后一单位物品或劳务的效用，即是指以最低的成本使经济利润最大化，从而达到 Pareto 最优。如果后一单位的效用大于前一单位的效用，则边际效用递增，反之亦然。

在需求变更技术债务的偿还过程中,需求变更的边际贡献(即销售收入减去可变成本)首先是用来弥补需求变更的固定成本,在弥补之后,如有多余,才能构成收入利润。这就有可能出现以下三种情况。

(1)当被偿还的需求变更的边际贡献刚好等于固定成本时,只能保本,即不盈不亏。

(2)当被偿还的需求变更的边际贡献小于固定成本时,就发生亏损。

(3)当被偿还的需求变更的边际贡献大于固定成本时,将会盈利。

因此,需求变更边际贡献的实质所反映的就是该需求变更为软件项目所能做出的贡献大小,只有当需求变更的贡献能力达到一定量后,该需求变更的处理所带来的边际贡献才有可能弥补其本身的技术债务,为软件系统的质量提升带来盈利。下面,将需求变更的边际贡献值与其固定成本(即该需求变更本身技术债务值)做比较,若边际贡献值小于固定成本,则该需求变更会被慎重考虑。用 T 来表示它们之间的差值,并定义为需求变更边际收益判断参数,即

$$T = \text{RTCM} - D$$

其中, D 表示需求变更技术债务,即固定成本。若 $T < 0$,则慎重考虑该需求变更。若 $T \geqslant 0$,则根据需更变更边际贡献由大到小的顺序进行处理。

4.3　软件需求变更技术债务案例研究

4.3.1　需求变更数据集

Hadoop 是一个能够对大量数据进行分布式处理的软件框架,它改变了企业对数据的存储、处理和分析的过程,加速了大数据的发展,形成了一个重要的技术生态圈,并得到非常广泛的应用,具有一定的代表性和研究价值,因此,本节使用 Hadoop 项目作为研究需求变更影响的案例。下面收集 Hadoop 项目的需求变更数据。

1. 需求变更请求报告属性信息

Hadoop 项目使用 issue 跟踪系统跟踪管理需求变更请求,在 issue 跟踪系统中,每一个变更请求都有详细的属性信息,这些属性信息可分为四个部分:状态信息、人员信息、时间信息和模块信息。状态信息包括需求变更请求编号、变更请求类型、变更请求报告描述、报告当前所处状态等,详细信息如表 4.1 所示,其中,解决方式包括①修复:已解决且被测试过的需求变更;②不修复:不会被解决的需求变更;③重复:与现有的需求变更请求重复;④不完整:这个需求变更请求提供的信息不足,难以解决;⑤无法重现:无法重现这种变更请求。

表 4.1　变更请求状态信息表

编号	是变更请求的唯一的标识
类型	变更请求的类型，由用户填写
状态	变更请求目前所处生命周期阶段
解决	已解决的变更请求的解决方式
摘要	变更请求的摘要
环境	变更请求相关联的硬件或者软件环境
描述	变更请求的详细描述
重要性	相对于其他变更请求的重要性
附件	变更请求的附件，如补丁、文档等
评论	用户对变更请求的评论

　　人员信息包括需求变更请求报告的提交者和解决者信息，详细信息如表 4.2 所示。

表 4.2　变更请求人员信息表

解决者	变更请求目前被指派的人
提交者	变更请求的提交者

　　时间信息包括变更请求提交时间、最后一次更新时间以及解决时间，详细信息如表 4.3 所示。

表 4.3　变更请求时间信息表

提交时间	变更请求报告创建时间
更新时间	变更请求报告最后一次更新时间
解决时间	变更请求报告关闭时间

　　模块信息指的是需求变更请求所在的项目、组件以及版本等，详细信息如表 4.4 所示。

表 4.4　变更请求模块信息表

项目	变更请求所属的项目(可选)
组件	变更请求关联的组件(可选)
影响版本	变更请求表明的项目版本(可选)
解决版本	变更请求被解决的版本(可选)

2. 需求变更请求报告间影响关系数据

　　在 Hadoop 项目的 issue 跟踪系统中，变更请求很少独立存在，相互之间的影响关系是研究需求变更技术债务的基础，其影响关系在每个需求变更请求的关联中记录，图 4.8 给出了一个关联的示例。

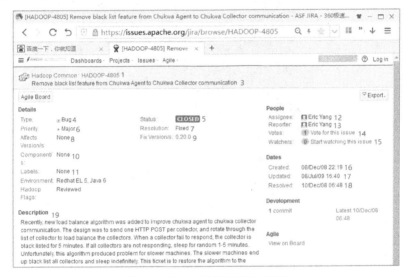

图 4.8　需求变更请求影响关系示例图

issue 跟踪系统中需求变更之间的关联有 10 种类型：阻碍、依赖、需要、相关、重复、克隆、破坏、包含、合并和替代。

接下来，明确要获取的数据，以图 4.9 所示的一个编号为 HADOOP-4895 的需求变更请求报告页面为例，数字编号位置是要获取的数据。

图 4.9　需求变更请求报告示例

最终，获取了从 2006 年 4 月～2016 年 12 月，总共 12932 条 Hadoop 项目的需求变更请求数据，数据以文本的形式存储，变更请求报告各属性信息和影响关系数据以特定分隔符分隔，以方便后期对数据的读取操作，存储格式如图 4.10 和图 4.11 所示。

```
HADOOP-1□https://issues.apache.org/jira/browse/HADOOP-1□initial import of code from
Nutch□Task□Closed□Major□Fixed□None□0.1.0□None□None□Doug Cutting□Doug Cutting□0□1□01/Feb/06
02:54□17/Sep/15 06:00□04/Feb/06 05:57□The initial code for Hadoop will be copied from Nutch.□0□64
HADOOP-2□https://issues.apache.org/jira/browse/HADOOP-2□Reused Keys and Values fail with a
Combiner□Bug□Closed□Major□Fixed□None□0.1.0□None□None□Owen O'Malley□Owen
O'Malley□0□1□04/Feb/06 05:54□11/Aug/15 07:18□31/Mar/06 05:11□If the map function reuses the key or
value by destructively modifying it after the output.collect(key,value) call and your application uses a
combiner, the data is corrupted by having lots of instances with the last key or value.□1□28
HADOOP-3□https://issues.apache.org/jira/browse/HADOOP-3□Output directories are not cleaned up before
the reduces run□Bug□Closed□Minor□Fixed□0.1.0□0.1.0□None□None□Owen O'Malley□Owen
O'Malley□1□0□04/Feb/06 05:58□08/Jul/09 16:51□23/Mar/06 04:14□The output directory for the reduces
is not cleaned up and therefore if you can see left overs from previous runs, if they had more reduces.
For example, if you run the application once with reduces=10 and then rerun with reduces=8, your output
directory will have frag00000 to frag00009 with the first 8 fragments from the second run and the last 2
fragments from the first run.□2□4
```

图 4.10　变更请求属性数据存储格式

HADOOP	HADOOP-10	https://issues.apache.org/jira/browse/HADOOP-10	null
HADOOP	HADOOP-12	https://issues.apache.org/jira/browse/HADOOP-12	{"is_related_to":"HADOOP-16"}
HADOOP	HADOOP-16	https://issues.apache.org/jira/browse/HADOOP-16	{"relates_to":"HADOOP-12"}
HADOOP	HADOOP-17	https://issues.apache.org/jira/browse/HADOOP-17	{"duplicates":"HADOOP-4"}
HADOOP	HADOOP-18	https://issues.apache.org/jira/browse/HADOOP-18	null
HADOOP	HADOOP-19	https://issues.apache.org/jira/browse/HADOOP-19	{"duplicates":"HADOOP-56"}
HADOOP	HADOOP-20	https://issues.apache.org/jira/browse/HADOOP-20	null
HADOOP	HADOOP-21	https://issues.apache.org/jira/browse/HADOOP-21	null

图 4.11　变更请求影响关系数据存储格式

4.3.2　数据处理

issue 跟踪系统中需求变更请求有开放、处理中、重新开放、解决和关闭五种状态，如图 4.12 所示，为了能够准确地计算出每个需求变更请求的时间花费，仅选择已经修复的变更请求作为研究对象，即状态为解决和关闭的变更请求。

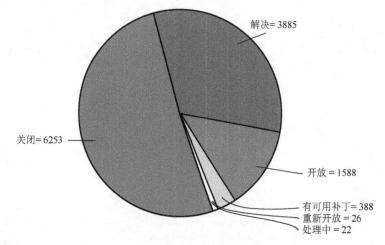

图 4.12　变更请求状态比例

由已解决的需求变更请求解决方式(图 4.13)可知，解决方式为修复的变更请求占 62%，其他解决方式的变更请求，比如，解决方式为重复的变更请求，其比例高达 9%，这种变更请求只是重复了已有的变更请求，因此，需删除这些数据，避免这些数据对实验结果造成干扰。

通过对解决方式的选取，从最初抓取的 12932 条数据中，删除干扰数据，保留 9400 条数据。下面根据 4.2.1 节需求变更技术债务定义和量化流程量化需求变更请求技术债务，首先计算各个需求变更的时间花费。

如下是一条需求变更请求数据的文本存储形式：

HADOOP-1□initial import of code from□Nutch□Task□Closed□Fixed□01/Feb/06 02:54□04/Feb/06 05:57□0□6□4

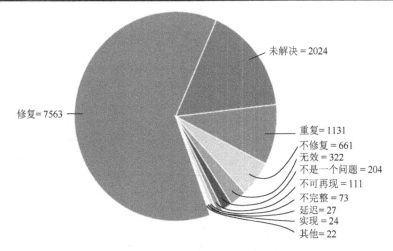

图 4.13　变更请求解决方式比例

表示变更请求 HADOOP-1，它的提出时间是 2006 年 2 月 1 日 02:54，解决时间是 2006 年 2 月 4 日 05:57，那么它的时间花费是

$$C = T_{\mathrm{RE}} - T_{\mathrm{CR}} = 270180\mathrm{s}$$

与此类似，通过计算每个需求变更请求的时间花费，将时间花费这一属性添加进原数据集中，构建研究的需求变更请求属性数据集，数据存储格式如下：

HADOOP-1□initial import of code from□Nutch□Task□Closed□Fixed□01/Feb/06 02:54□04/Feb/06 05:57□270180□0□6□4

为了构建变更请求关系数据集，本节对 10 种关联关系进行了研究，其中，符合需求变更技术债务类型 A 影响类关系的关系是被依赖、被需要和相关；符合需求变更技术债务类型 B 产生类关系的关系是阻碍和破坏，其他类型均不符合影响类和产生类关系，本节将选取的关系对应系数 r 取值为 1，不选取的关系对应系数 r 取值为 0，选取结果及对应系数 r 值如表 4.5 所示。

通过对边类型的选取，构建出需求变更影响类和生产类关系数据集，其关系数据存储格式如图 4.14 所示。

表 4.5　变更请求相互关系类型及选取结果表

关系名	是否选取	对应系数 r 值
blocks	是	1
is depended upon by	是	1
is required by	是	1
is related to	是	1
breaks	是	1
depends upon	否	0
requires	否	0

续表

关系名	是否选取	对应系数 r 值
is cloned by	否	0
is a clone of	否	0
duplicates	否	0
is duplicated by	否	0
contains	否	0
is part of	否	0
relates to	否	0
is blocked by	否	0
is contained by	否	0
is broken by	否	0
incorporates	否	0
supersedes	否	0

```
HADOOP-249;HADOOP-2560,HADOOP-830;MAPREDUCE-93,HADOOP-3293,HADOOP-249
HADOOP-263;HADOOP-239
HADOOP-264;HADOOP-217
HADOOP-288;MAPREDUCE-458
HADOOP-313;MAPREDUCE-443
HADOOP-319;HADOOP-59,NUTCH-143,HADOOP-220
```

图 4.14　变更请求关系存储示例

下面选取 3 层影响关系，根据对变更请求之间层级关系的观察和分析，关系距离越远，影响范围越大，债务越高，所以对应公式中系数 l 的取值为 $l_1=1.00$，$l_2=1.02$，$l_3=1.04$，利用 4.2.1 节中定义的需求变更技术债务量化公式计算出每个需求变更技术债务的债务值。例如，变更请求 HADOOP-4487 的债务计算如下：

$$D = C_R + \sum_{i=1}^{m}\sum_{j=1}^{n} l_i r_x c_{ij}$$

$$=\{64887660+[(47734200+9593280+5105700+13250040+160418100+34489440$$
$$+90000780+7058940+5616540)+(169212660+740700+6195240)\times1.02]\}$$
$$\div259200$$
$$=238.36$$

与此类似进行计算后，Hadoop 项目中需求变更技术债务计算结果排名前二十的变更请求如表 4.6 所示。

表 4.6　需求变更技术债务值排名表

排名	编号	标题	债务值
1	HADOOP-4487	Security features for Hadoop	238.36
2	HADOOP-4998	Implement a native OS runtime for Hadoop	195.16
3	HADOOP-5962	FS tests should not be placed in hdfs.	194.42
4	HADOOP-6581	Add authenticated token identifiers to UGI so that they can be used for authorization	167.07

续表

排名	编号	标题	债务值
5	HADOOP-4343	Adding user and service-to-service authentication to Hadoop	166.32
6	HADOOP-6589	Better error messages for RPC clients when authentication fails	159.95
7	HADOOP-6572	RPC responses may be out-of-order with respect to SASL	159.86
8	HADOOP-4656	Add a user to groups mapping service	156.98
9	HADOOP-5135	Separate the CORE, HDFS and MAPRED junit tests	154.91
10	HADOOP-6201	FileSystem::ListStatus should throw FileNotFoundException	141.20
11	HADOOP-7363	TestRawLocalFileSystemContract is needed	139.67
12	HADOOP-11745	Incorporate ShellCheck static analysis into Jenkins pre-commit builds	136.27
13	HADOOP-6584	Provide Kerberized SSL encryption for webservices	135.95
14	HADOOP-5081	Split TestCLI into HDFS, Mapred and Core tests	135.40
15	HADOOP-6419	Change RPC layer to support SASL based mutual authentication	134.77
16	HADOOP-10854	Unit tests for the shell scripts	134.68
17	HADOOP-4348	Adding service-level authorization to Hadoop	133.81
18	HADOOP-13073	RawLocalFileSystem does not react on changing umask	132.36
19	HADOOP-4453	Improve SSL handling for distcp	132.29
20	HADOOP-5219	SequenceFile is using mapred property	132.29

　　需求变更技术债务值可以作为评估软件质量的重要指标。下面用 Pearson 相关系数分析需求变更技术债务值与变更请求属性信息之间的关系,图 4.15 展示了相关系数结果。

　　如图 4.15 所示,债务值与变更请求的连接数有强相关联性;与变更请求的评论数、时间花费都具有弱相关联,与附件数不具相关性。在所有属性中,总连接数可以被认为是与需求变更技术债务值关联最强的因素,这个事实可以理解为连接数越多,影响的范围越大,相应的债务值也就越大。

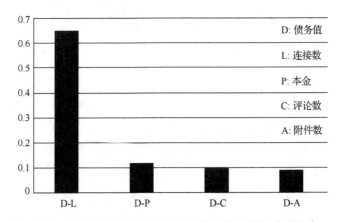

图 4.15　需求变更技术债务值与其他属性直接的关联程度

4.3.3　软件需求变更技术债务可视化

实验结果的可视化可以更直观地反映出 Hadoop 项目中需求变更技术债务情况。本节使用开源软件 Gephi 进行可视化操作，Gephi 是一款开源免费软件(Hornbæk & Hertzum, 2011)，主要针对网络和复杂系统进行分析和可视化，可以对网络数据进行排序、布局、分割、过滤和统计，从而达到对数据可视化和探索性分析的目的，它还提供用户交互的功能，用户可以使用鼠标点击和拖动来改变可视化的结果。Hadoop 项目需求变更技术债务量化值可视化未优化前结果如图 4.16 所示。

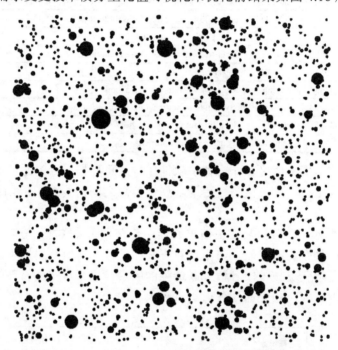

图 4.16　Hadoop 需求变更技术债务可视化未优化结果

为了能够更直观地反映出项目中需求变更技术债务的具体情况，对结果进行处理，根据债务值的大小不同，对节点进行处理，可视化增强后效果如图 4.17 所示。

在图 4.17 中，每个圆点代表一个需求变更技术债务，圆点上的文字表示变更请求编号，圆点面积越大，颜色越深，表明需求变更技术债务值越大。从图中可以明显看出需求变更技术债务值的大小情况，从而帮助管理员有效地管理在 issue 跟踪系统中的变更请求。例如，图中债务值最大的是编号为 HADOOP-4487 引发的需求变更技术债务。

图 4.17　Hadoop 需求变更技术债务可视化

4.3.4　需求变更技术债务分析

在 Hadoop 最初设计时，并没有考虑安全性，因为当时假设集群是由可信用户使用可信计算机组成的，总是处于一种可信环境当中，虽然设置有 HDFS 权限，即审查和授权控制，但仍然缺乏全面的安全机制，无法对用户和服务进行身份验证及安全性保护，任何用户都可以提交代码并执行，这样会存在两种安全隐患。

(1)怀有恶意的用户通过降低其他 Hadoop 作业的优先级，来加速自己任务的完成。为了杜绝这样的用户，提高集群的安全性，有的组织就把集群设置在专用网上，限制其他的用户访问，进行了网络上的隔绝。

(2)普通的用户操作也会导致安全事故的发生，即便使用上面提到的方法，安全性仍然无法得到保障，安全事故仍然常常发生，因为所有的用户权限等级是一样的，其中某个用户的一次错误操作，就有可能造成严重的安全事故，如大量数据被删除等。

2008 年 10 月 22 日，Kan Zhang 在 Hadoop 的 issue 跟踪系统中，第一个提交了编号为 HADOOP-4487，标题为 Security features for Hadoop 的变更请求，其报告页面如图 4.18 所示，请求实现 Hadoop 的安全机制。

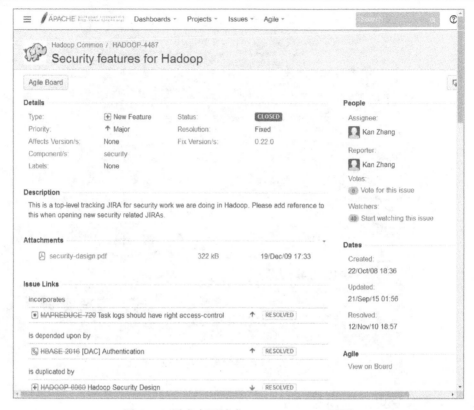

图 4.18　需求变更请求 HADOOP-4487 页面

随后，安全方面不断有新的变更请求提出。但变更请求 HADOOP-4487 在提出后并没有被快速解决，直到 2009 年，Apache 才专门抽出一个团队，为 Hadoop 实现安全机制，偿还了安全需求方面的债务。在变更请求 HADOOP-4487 解决期间，相关变更请求提出，如图 4.19 所示。图 4.20 则给出了相关变更请求的技术债务增长情况，横坐标是关联的其他变更请求（按提出时间排序），纵坐标是债务值。由图 4.20 可见，在开始阶段，技术债务值迅速增长，在保持了一段时间后逐渐趋于平缓，最后被全部偿还。

可以假设，如果在 HADOOP-4487 刚被提出时就解决，是不是就直接能偿还完债务？答案是否定的，因为如果盲目地迅速实现某些需求变更并不一定能获得理想的结果，还可能会因为考虑不全面而引发新的问题，导致额外的花费。通过需求变更技术债务值的增长情况，可以看到，当债务值增长趋向平缓后，也就是需求变更所涉及的方方面面都被考虑进来后，技术债务才能被偿还。因此，对于一个新提出的变更请求，其债务值的迅速增长，并不一定是件坏事，债务值越大，其影响的范围越大，越应该慎重考虑如何解决。例如，Hadoop 的安全机制在项目组发布新版本中通过以下方式完整地实现了其安全目标(Smith, 2013)。

(1)在远程过程调用连接上使用 KerberosRPC 进行相互验证,并在远程过程调用时连接用户,其进程和 Hadoop 服务进行相互验证。

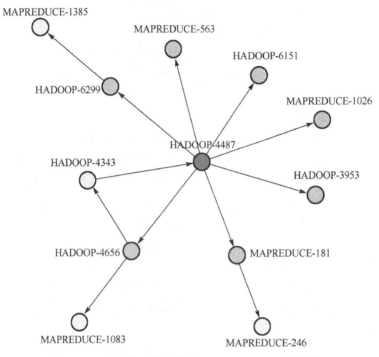

图 4.19　需求变更技术债务 HADOOP-4487 结构图

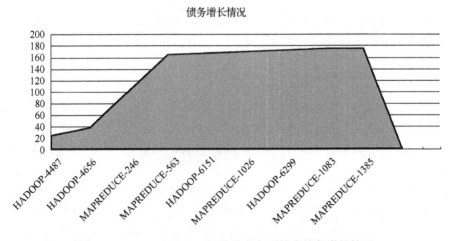

图 4.20　HADOOP-4487 相关需求变更技术债务增长情况

(2)HTTPWeb 控制台的"可插拔"身份验证，这意味着 Web 应用程序和 Web 控制台的实现者可以为 HTTP 连接实现自己的身份验证机制，这可能包括(但不限于)HTTPSPNEGO 身份验证。

(3)执行 HDFS 文件权限，基于文件权限的 NameNode 可以对 HDFS 中的文件进行访问控制用户和组的访问控制列表。

(4)用于后续身份验证检查的委托令牌(在初始身份验证后)，在各种客户端和服务器之间使用这些令牌，以便在初始用户身份验证后减少 KerberosKDC 上的性能开销和负载，具体来说，委托令牌用于与 NameNode 通信，用于后续的身份验证访问，而不使用 Kerbero 服务器。

(5)访问数据块访问权限的块访问权限当需要访问数据块时，NameNode 将根据 HDFS 文件权限进行访问控制决策，并发布可以发送到 DataNode 的块访问令牌(使用 HMAC-SHA1)用于块访问请求，由于 DataNode 没有文件或权限的概念，所以必须在 HDFS 权限和对数据块的访问之间进行连接。

(6)作业令牌执行任务授权-作业令牌由 JobTracker 创建并传递到 TaskTracker，确保"任务"只能对其分配的作业进行工作。任务也可以配置为随着用户提交作业而运行，从而使访问控制检查更简单。

本节以 Hadoop 项目为案例，对 4.2.1 节提出的需求变更技术债务进行分析，下面以 Spring Framework 为案例，对 4.2.2 节提出的基于边际贡献的需求变更技术债务进行分析。

4.4　基于边际贡献的需求变更技术债务案例研究

本节以 Spring Framework 项目为研究案例，通过边际贡献分析需求变更技术债务，下面主要介绍案例数据的收集、处理、需求变更边际贡献的计算和分析。

4.4.1　数据收集与处理

本节分析 Spring Framework 项目的 issue 跟踪系统中的变更请求报告，总共收集了项目的 20000 条变更请求报告数据。因为研究涉及需求变更的提出时间、解决时间、关联关系、类型、状态、优先级和解决方式等属性，收集的报告数据存储如图 4.21 所示。

在计算过程中，因为主要以具有需求变更关联关系的需求变更作为研究对象，所以从收集的 20000 条变更请求报告中筛选出具有关联关系的 6000 条数据进行下一步研究。另外，为方便对技术债务进行计算，提取出计算债务所需要的关联关系、提出时间和解决时间，存入如图 4.22 所示的表格中。

Key	Summary	Issue Type	Status	Priority	Resolution	Assignee	Reporter	Creator	Created	Updated	Resolved
SPR-998	Hardcoded locations in Petclinic /db/build.xml	Bug	Closed	Trivial	Fixed	Juergen Hoeller	Duncan Mills	Duncan Mills	2005/5/31 23:29	2005/6/4 21:17	2005/6/4 21:17
SPR-997	Wrong Spring Framework Forum Index Spring Framework Spring Framework Support Forums Wrong Javadoc for JTATransactionManager on Resin	Improvement	Closed	Trivial	Fixed	Juergen Hoeller	Mircea Crisan	Mircea Crisan	2005/5/31 18:29	2005/6/1 0:49	2005/6/1 0:49
SPR-996	undocumented: how to register custom editor for property below nested property	Improvement	Closed	Trivial	Fixed	Rick Evans	Jim Newsham	Jim Newsham	2005/5/31 9:08	2012/6/19 3:53	2005/6/1 22:15
SPR-995	extract "Reloadable" aspect from ReloacableResourceBundleMessageSource for reuse	Improvement	Resolved	Minor	Won't Fix	Juergen Hoeller	nicolas de loof	nicolas de loof	2005/5/31 2:06	2008/1/7 3:54	2008/1/7 3:54
SPR-994	ResourceUtils.getFile(java.net.URL java.lang.String) throws FileNotFoundException if the URL has protocol of jar	Bug	Closed	Major	Won't Fix	Juergen Hoeller	Antony Sohal	Antony Sohal	2005/5/30 23:00	2015/8/26 3:57	2005/7/21 6:25
SPR-993	Suppress final separator in Freemarker "showErrors" macro	Improvement	Closed	Minor	Fixed	Juergen Hoeller	Andrew Swan	Andrew Swan	2005/5/30 10:35	2005/6/4 6:20	2005/6/4 6:10
SPR-992	broken link for reference-libraries.zip	Improvement	Closed	Minor	Fixed	Colin Sampaleanu	nicolas de loof	nicolas de loof	2005/5/29 18:21	2005/6/1 23:05	2005/6/1 23:05
SPR-991	ApplicationListener registration is broken	Bug	Resolved	Major	Won't Fix	Juergen Hoeller	Shaohua Ma	Shaohua Ma	2005/5/27 8:11	2012/6/19 3:18	2012/6/19 3:18
SPR-990	Documentation version reference for AspectJ	Bug	Closed	Trivial	Fixed	Juergen Hoeller	Jason Poley	Jason Poley	2005/5/27 6:14	2005/6/1 0:59	2005/6/1 0:59
SPR-989	core.io.ClassPathResource falsely assumes every Thread has a ContextClassLoader	Bug	Closed	Major	Fixed	Juergen Hoeller	Michiel Pelt	Michiel Pelt	2005/5/27 6:01	2005/6/1 7:22	2005/6/1 0:44
SPR-988	Support for async JMS message listeners	New Feature	Closed	Major	Fixed	Juergen Hoeller	Juergen Hoeller	Juergen Hoeller	2005/5/26 8:06	2012/6/19 3:54	2005/12/20 0:09
SPR-986	Introduce generic mechanism to propagate properties from ViewResolver to View	Improvement	Closed	Major	Won't Fix	Rob Harrop	Arie van Wijngaarden	Arie van Wijngaarden	2005/5/26 2:36	2006/3/10 2:52	2006/3/10 2:52
SPR-984	How to use UserTransaction in struts	Improvement	Closed	Major	Incomplete	kailas vilas kore	kailas vilas kore	kailas vilas kore	2005/5/25 21:56	2005/5/26 9:42	2005/5/26 9:42
SPR-983	BeanWrapper defaultEditors allowEmpty optional	Improvement	Resolved	Minor	Won't Fix	Alex Justin	Alex Justin	Alex Justin	2005/5/25 21:24	2008/1/7 22:35	2008/1/7 22:35
SPR-981	Spring RMI does not support passing of remote objects as parameters	Improvement	Closed	Major	Won't Fix	Jeff Moszuti	Jeff Moszuti	Jeff Moszuti	2005/5/25 9:10	2015/9/22 18:55	2015/9/22 18:55
SPR-981	Cannot configure CustomizableTraceInterceptor in spring-beans file	Bug	Closed	Major	Fixed	Rob Harrop	Matthew Sgarlata	Matthew Sgarlata	2005/5/25 2:36	2005/5/30 19:43	2005/5/27 19:48
SPR-980	inject Velocity tools into VelocityView	New Feature	Resolved	Minor	Won't Fix	Juergen Hoeller	Shinobu Kawai	Shinobu Kawai	2005/5/24 9:40	2007/7/21 11:37	2007/7/21 11:37
SPR-979	VelocityToolboxView for VelocityTools 1.2	New Feature	Closed	Minor	Fixed	Juergen Hoeller	Shinobu Kawai	Shinobu Kawai	2005/5/24 5:30	2012/6/19 3:54	2005/3/10 19:31
SPR-978	Configurer that resolves placeholders as environment entries	New Feature	Resolved	Minor	Duplicate	Chris Beams	Pierre Bittner	Pierre Bittner	2005/5/24 2:00	2011/4/26 1:27	2011/4/26 1:26
SPR-977	update for JMX remote connectors	Improvement	Closed	Minor	Complete	Costin Leau	Costin Leau	Costin Leau	2005/5/23 20:15	2012/6/19 3:53	2010/12/15 7:56
SPR-975	Transactional annotation on interface method doesn't work with cglib	Bug	Closed	Minor	Won't Fix	Juergen Hoeller	Charles Blaxland	Charles Blaxland	2005/5/22 12:56	2005/6/4 21:39	2005/6/4 21:39
SPR-974	Hibernate 3 typedef support does not add typedefs early enough	Bug	Closed	Major	Fixed	Juergen Hoeller	Mike Dillon	Mike Dillon	2005/5/21 15:25	2005/5/26 16:12	2005/5/26 18:12
SPR-973	JSF View Support	New Feature	Resolved	Minor	Won't Fix	Rob Harrop	Rob Harrop	Rob Harrop	2005/5/20 23:02	2012/6/19 2:26	2005/11/12 0:09

图 4.21　Spring Framework 项目需求变更请求报告数据

	Key	Created	Resolved	blocks	blocked by	is depends on	is depended on by	requires	is required by	relates to	...	is duplicated by	is clone by	is a clone of	breaks	bro
0	SPR-978	5/24/05 2:00	4/26/11 1:26	[]	[]	[]	[]	[]	[]	[]	...	[]	[]	[]		
1	SPR-927	5/7/05 4:00	5/12/05 6:48	[]	[]	[]	[]	[]	[]	[]	...	[]	[]	[]		
2	SPR-926	5/7/06 3:59	3/10/10 2:01	[]	[]	[]	[]	[]	[]	[]	...	[u'SPR-927']	[]	[]		
3	SPR-922	5/5/05 0:54	5/21/05 5:54	[]	[]	[]	[]	[]	[]	[]	...	[]	[]	[]		
4	SPR-	4/19/05	4/21/05	[]	[]	[]	[]	[]	[]	[]	...	[]	[]	[]		

图 4.22　计算技术债务的基础数据

图 4.22 的中括号为空，表示该需求变更与其他需求变更不具有关联关系，如果有编号，则表示有关联关系，例如，序号 2 记录所示的 SPR-926 与 SPR-927 之间的需求变更关联关系为被重复。

引入经济学中边际贡献概念后，对需求变更请求报告间的十种关联关系进行研究，确定其中符合需求变更技术债务关联关系可变成本类关系的关系有阻碍、依赖、需要、相关和破坏；符合需求变更技术债务收入类关系的关系有被需要、重复、被重复、被依赖、包含、相关和合并。其他类型不影响对技术债务的分析，所以不列入可变成本类和收入类关系中。

4.4.2　需求变更边际贡献计算

需求变更边际贡献计算主要分为四个步骤。

步骤 1：本金计算。利用 4.2.1 节中对需求变更技术债务本金的定义，提取出每一个需求变更的提出时间和解决时间，计算出每一个需求变更的本金。

步骤 2：债务计算。利用 4.2.1 节中需求变更技术债务的量化方法，对需求变更的技术债务进行量化。提取各个需求变更的本金值以及与该需求变更相关联的其他需求变更的本金值及关联数，计算其需求变更技术债务值，如果没有关联关系，则表明没有利息，本金值即技术债务值。图 4.23 给出了部分计算结果示例。

第一列表示需求变更请求报告序号，key 列表示需求变更请求报告名称，created 列表示需求变更的提出时间，resolved 列表示需求变更的解决时间，capital 列表示需求变更的本金，interest 列表示需求变更的技术债务值。

⇕	key ⇕	created ⇕	resolved ⇕	capital ⇕	interest ⇕
0	SPR-978	5/24/05 2:00	4/26/11 1:26	84360	84918
1	SPR-927	5/7/05 4:00	5/12/05 6:48	10080	14254
2	SPR-926	5/7/05 3:59	3/10/10 2:01	79320	79850
3	SPR-922	5/5/05 0:54	5/21/05 5:54	18000	20011
4	SPR-889	4/19/05 3:45	4/21/05 4:38	3180	7623
5	SPR-884	4/17/05 5:53	4/22/05 5:20	84420	84587
6	SPR-860	4/6/05 7:52	5/9/05 4:01	72540	73730
7	SPR-843	4/1/05 4:20	6/19/12 3:22	82920	85237
8	SPR-834	3/30/05 3:49	4/4/05 0:01	72720	75600
9	SPR-794	3/17/05 7:09	4/7/05 21:19	51000	52686

图 4.23　技术债务值部分计算结果示例

步骤 3：边际贡献计算。提取与需求变更相关联的需求变更的债务值，以及可变成本类关系的收入类关系，将符合可变成本类关联关系的需求变更的债务值累加作为该需求变更的可变成本，将符合收入类关联关系的需求变更的债务值累加作为该需求变更的收益，然后利用 4.2.2 节的边际贡献公式计算出需求变更的边际贡献值。图 4.24 给出了图 4.23 所示需求变更的边际贡献值。

在图 4.24 中，新增的 boundary 列即是需求变更的边际贡献值。

步骤 4：根据 4.2.2 节定义的需求变更边际收益判断参数 T 值计算公式，得到需求变更 T 值量化结果，如图 4.25 所示。

由 4.2.2 节对边际贡献的分析可知，需求变更的实现顺序可参考需求变更的边际贡献值，即可按需求变更边际贡献顺序进行处理。例如，排名前十的需求变更边际贡献计算结果如表 4.7 所示。

	key	created	resolved	capital	interest	boundary
0	SPR-978	5/24/05 2:00	4/26/11 1:26	84360	84360	-10620
1	SPR-927	5/7/05 4:00	5/12/05 6:48	10080	10080	-79320
2	SPR-926	5/7/05 3:59	3/10/10 2:01	79320	79320	-10080
3	SPR-922	5/5/05 0:54	5/21/05 5:54	18000	18000	-38220
4	SPR-889	4/19/05 3:45	4/21/05 4:38	3180	3180	-84420
5	SPR-884	4/17/05 5:53	4/22/05 5:20	84420	84420	-3180
6	SPR-860	4/6/05 7:52	5/9/05 4:01	72540	72540	-22620
7	SPR-843	4/1/05 4:20	6/19/12 3:22	82920	82920	-44040
8	SPR-834	3/30/05 3:49	4/4/05 0:01	72720	72720	-54720
9	SPR-794	3/17/05 7:09	4/7/05 21:19	51000	51000	-32040

图 4.24 边际贡献部分计算结果示例

Out[27]:		key	created	resolved	capital	interest	boundary	T
1270		SPR-10859	8/26/13 6:11	5/19/14 13:06	24900	35102	-201180	427260
2792		SPR-5120	8/27/08 4:12	9/17/09 2:58	81960	91122	-183240	448440
2893		SPR-7784	12/2/10 2:30	12/5/10 3:13	2580	11598	-171360	345300
236		SPR-14794	10/10/16 15:20	10/10/16 21:36	22560	31320	-166440	355440
2289		SPR-8187	4/4/11 0:30	9/9/15 11:33	39780	48021	-164820	369420
2688		SPR-5529	2/27/09 7:08	10/20/09 7:40	1920	10515	-163320	328560
3118		SPR-7028	3/24/10 2:58	8/10/16 14:14	40560	47945	-162480	365520
1008		SPR-12140	9/1/14 14:28	9/2/14 12:33	79500	88045	-162360	404220
1625		SPR-9779	9/9/12 8:30	9/11/12 6:35	79500	89592	-162120	403740
2083		SPR-8774	10/13/11 8:37	5/28/12 8:54	1020	9296	-157260	315540
1337		SPR-10628	6/5/13 1:43	5/15/14 6:05	15720	23550	-156600	328920
313		SPR-14614	8/23/16 8:57	8/28/16 19:23	37560	45773	-156060	349680
783		SPR-12605	1/8/15 22:14	1/21/15 14:57	60180	68390	-156000	372180
4517		SPR-6752	1/22/10 3:04	1/23/12 5:33	8940	16860	-155760	320460
1224		SPR-3030	1/12/07 0:50	4/26/11 3:47	10620	18773	-154920	320460

图 4.25 需求变更边际收益判断参数 T 值

表 4.7 需求变更边际贡献计算结果表

排名	编号	边际贡献
1	SPR-11399	153420
2	SPR-13992	144780
3	SPR-15808	143580
4	SPR-12083	136620
5	SPR-10508	136560
6	SPR-13475	134340
7	SPR-4588	122760

续表

排名	编号	边际贡献
8	SPR-14570	118260
9	SPR-8186	118200
10	SPR-12179	107340

　　在需求变更边际贡献排序表排名第一的为需求变更 SPR-11399，名为 Improve documentation of transactional support in the TestContext framework，从现状来看，因为 SpringTestContext 框架中事务支持参考手册中的文档目前非常缺乏，只有两个示例，一个是 TransactionalTest，它基于 JUnit 的 POJO 测试类，虽然演示了与框架中事务相关的所有注释的用法，但不太具有代表性；另一个是 AbstractClinicTests，它是 AbstractTransactionalJUnit4SpringContextTests 的扩展，演示了 CountRowInTable() 的使用。因此，尽管参考手册中有两个示例，但这两个示例都没有展示出最佳的实践或典型的使用场景。此外，使用 TestNG 的例子为零，所以提出了该需求变更，有如下要求。

　　(1)删除 AbstractClinicTests 示例，并在"事务管理"或"JUnit 支持类"中创建类似的基于 JUnit 的示例。

　　(2)将 "PetClinic Example" 的内容重新调整为新的"最佳实践"部分。

　　(3)创建一个基于测试的示例，类似于新的基于 JUnit 的示例，以便于比较。

　　(4)增加与 SPR-11397 讨论相关的测试内容。

　　(5)在 SPR-6132 中添加与讨论相关的测试内容。

　　该需求变更报告页面如图 4.26 所示。

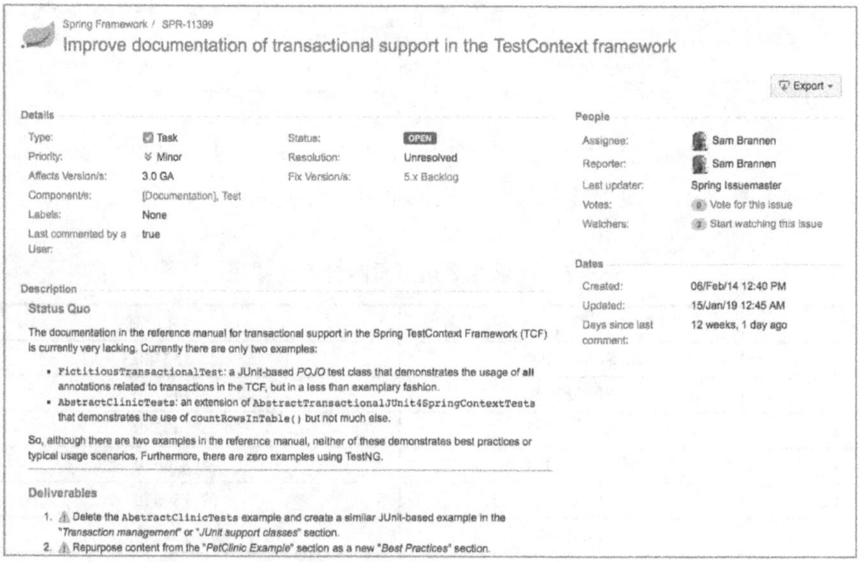

图 4.26　需求变更请求 SPR-5120 报告页面

因为该需求变更与 SPR-11397、SPR-6132 都有相关性，实现了该需求变更也有益于需求变更 SPR-11397、SPR-6132，对于这样的需求变更，可以考虑优先实现。

另外，对于 T 值小于 0 的需求变更，一般意味着其对整个软件的贡献非常有限，却又花销巨大，在对需求变更实现进行决策时往往需要慎重考虑。T 值计算结果排名后十名的需求变更请求报告在表 4.8 中列出。

表 4.8　T 值计算结果

排名	编号	T 值
1	SPR-13519	−155040
2	SPR-14397	−87060
3	SPR-15256	−133500
4	SPR-12541	−101100
5	SPR-12741	−162480
6	SPR-8990	−146400
7	SPR-15774	−106020
8	SPR-14542	−156960
9	SPR-8089	−200640
10	SPR-11515	−158520

分析 T 值排序表最后的一个需求变更 SPR-5120，也就是开销最大的需求变更请求。这个需求变更请求的提出时间为 2019 年 8 月 29 日，由 Pedro Santos 在 Spring Framework 变更请求追踪系统中提交，标题为 Spring component scanning does not work within JBoss EJB container，其报告页面如图 4.27 所示。

图 4.27　需求变更 SPR-5120 报告页面

　　该需求变更是一个改进类型的需求变更，当提出者从一个 JBoss 管理的 EJB 中创建 ApplicationContext 时，Spring 检测功能失效，在不同的环境中测试 Spring 组件，只有在 JBoss 管理的 EJB 中失效。该需求变更与多个需求变更都存在关联关系，如图 4.28 所示。

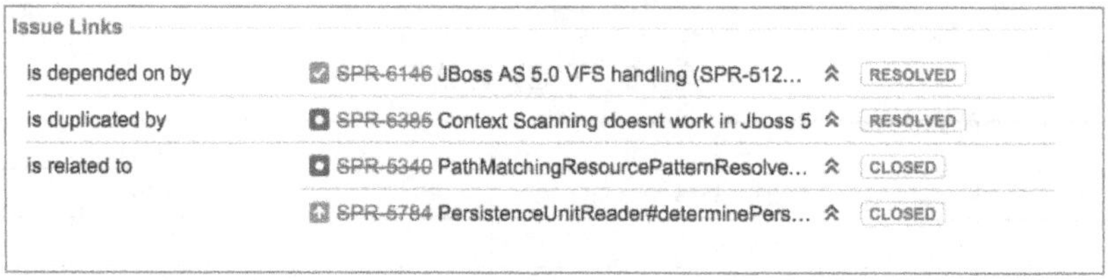

Issue Links		
is depended on by	✅ SPR-6146 JBoss AS 5.0 VFS handling (SPR-512...　⌃	RESOLVED
is duplicated by	✅ SPR-6385 Context Scanning doesnt work in Jboss 5　⌃	RESOLVED
is related to	✅ SPR-5340 PathMatchingResourcePatternResolve...　⌃	CLOSED
	⬆ SPR-5784 PersistenceUnitReader#determinePers...　⌃	CLOSED

图 4.28　需求变更 SPR-5120 关联关系

　　在对需求边更 SPR-5120 进行处理时，需要同时考虑与其相关联的多个需求变更，需求变更 SPR-5120 是否偿还其债务值，也会对其他与之关联的需求变更债务值偿还决策产生影响，关联的需求变更越多，受到影响的需求变更也就越多，所以需要对其慎重考虑。

4.5　小　　结

　　技术债务这一隐喻很好地诠释了软件开发过程中长期效益与短期收益之间的权衡，然而，在需求工程领域，仍然缺乏有效的方法来量化和管理技术债务。本章研究需求变更技术债务的定义、分类及量化方法，再引进经济学中"边际贡献"的概念，将需求变更中的各种重要参数与边际贡献的各类要素一一对应，以便使用技术债务方法分析需求变更，重点考虑了新引入变更请求的问题，并且应用到大型开源项目 Hadoop 和 Spring Framework 中，通过案例研究分析了需求变更技术债务概念的可用性和可行性，结果表明，需求变更技术债务方法可以为需求工程师研究需求变更影响关系、衡量变更工作量和风险提供有价值的参考数据。当然，技术债务的研究仍然是一个复杂的问题，本章仅采用时间指标来度量需求变更技术债务，而技术债务在需求变更中还应考虑到相应的人力、物力以及具体的代码变更，这些度量指标以及多种度量指标的关联研究将是未来非常有意义的一个研究方向。

参 考 文 献

Alves N S R, Mendes T S, Mendonca M G D, et al. 2015. Identification and management of technical debt: a systematic mapping study. Information & Software Technology, 70: 100-121.

Behutiye W N, Rodríguez P, Oivo M, et al. 2017. Analyzing the concept of technical debt in the context of agile software development: a systematic literature review. Information & Software Technology, 82: 139-158.

Bellomo S, Nord R L, Ozkaya I, et al. 2016. Got technical debt: surfacing elusive technical debt in issue trackers//The 13th International Conference on Mining Software Repositories, Austin.

Codabux Z, Williams B J. 2016. Technical debt prioritization using predictive analytics//The International Conference on Software Engineering Companion, Austin.

Curtis B, Sappidi J, Szynkarski A. 2012. Estimating the principal of an application's technical debt. IEEE Software, 29: 34-42.

Ernst N A. 2012. On the role of requirements in understanding and managing technical debt//The 3rd International Workshop on Managing Technical Debt, Zurich.

Guo Y, Seaman C, Gomes R, et al. 2011. Tracking technical debt: an exploratory case study//The IEEE International Conference on Software Maintenance, Williamsburg.

Hornbæk K, Hertzum M. 2011. The notion of overview in information visualization. International Journal of Human-Computer Studies, 69 (7-8): 509-525.

Ho T T, Ruhe G. 2014. When-to-release decisions in consideration of technical debt//The 6th International Workshop on Managing Technical Debt, Victoria.

Kruchten P, Nord R L, Ozkaya I. 2012. Technical debt: from metaphor to theory and practice. IEEE Software, 29: 18-21.

Letouzey J L, Ilkiewicz M. 2012. Managing technical debt with the SQALE method. IEEE Software, 29: 44-51.

Li Z Y, Avgeriou P, Liang P. 2014. A systematic mapping study on technical debt and its management. Journal of Systems and Software, 101: 193-220.

Maldonado E D, Shihab E. 2015. Detecting and quantifying different types of self-admitted technical debt//The 7th International Workshop on Managing Technical Debt, Bremen.

Nugroho A, Visser J, Kuipers T. 2011. An empirical model of technical debt and interest//The 2nd Workshop on Managing Technical Debt, Waikiki.

Ortu M, Destefanis G, Adams B, et al. 2015. The JIRA repository dataset: understanding social aspects of software development//The 11th International Conference on Predictive Models and Data Analytics in Software Engineering, Beijing.

Smith K T. 2013. Big data security: the evolution of Hadoop's security model. https://www.infoq.com/articles/HadoopSecurityModel/.

Svensson H, Höst M. 2005. Introducing an agile process in a software maintenance and evolution organization//The 9th European Conference on Software Maintenance and Reengineering, Manchester.

Tom E, Aurum A. 2013. An exploration of technical debt. Journal of Systems & Software, 86: 1498-1516.

Vathsavayi S H, Systa K. 2016. Technical debt management with genetic algorithms//Euromicro Conference on Software Engineering and Advanced Applications, Limassol.

Wehaibi S, Shihab E, Guerrouj L. 2016. Examining the impact of self-admitted technical debt on software quality//International Conference on Software Analysis, Evolution and Reengineering, Suita.

Zazworka N, Vetro A, Izurieta C, et al. 2014. Comparing four approaches for technical debt identification. Software Quality Journal, 22: 403-426.

Zazworka N, Shaw M A, Shull F, et al. 2011a. Investigating the impact of design debt on software quality//The 2nd International Workshop on Managing Technical Debt, Waikiki.

Zazworka N, Seaman C, Shull F. 2011b. Prioritizing design debt investment opportunities//The 2nd International Workshop on Managing Technical Debt, Waikiki.

第5章 面向需求变更的软件过程改进仿真

软件需求变更频繁发生，给软件项目造成了诸多威胁，能否对需求变更进行有效的控制管理决定着软件的成败。第3章和第4章重点对需求变更本身及变更间相互关联影响关系进行了研究，本章从宏观角度使用系统动力学方法对软件需求变更管理过程进行仿真建模，通过因果反馈机制动态分析并预测软件需求变更产生的原因以及变更对软件项目的进度、成本和质量造成的影响，辅助减少需求变更给软件项目带来的负面影响。更重要的是，系统动力学方法还可以帮助软件项目组进行软件过程改进的模拟仿真，基于软件需求变更管理过程所建立的系统动力学仿真模型是现实软件需求变更管理过程的抽象，对模型变量和方程的调整可以模拟现实中对软件需求变更管理过程进行改进的一系列措施，并根据模型运行的仿真结果来分析改进效果，以达到辅助软件项目组进行需求变更管理过程改进工作的目的。

下面使用系统动力学方法，在 Vensim 仿真软件中，对开源软件需求变更管理过程进行建模、检测和改进，并以 Spring Framework 项目为研究案例，进行该项目 3.2.x 分支的软件需求变更管理过程的系统动力学仿真分析，并对需求变更管理进行过程改进系统动力学仿真。通过改进仿真结果的比对，各改进措施均可以降低基线数据的软件缺陷率，提高软件质量，并根据软件项目的成本和进度要求，给出了过程改进建议。总之，通过分析总结开源软件需求变更管理过程的仿真研究结果，可以为组织内软件项目提供有价值的建议和经验。

5.1 系统动力学与软件需求变更管理

系统动力学于 1956 年由 Forrester 创立，是系统科学和管理科学的分支，基于系统论，汲取控制论与信息论的精髓，认识和解决系统问题，属于连接自然科学和社会科学的交叉性和综合性学科，是一门分析研究信息反馈系统的学科。系统动力学分析解决问题的方法是定性与定量分析的统一，以定性分析为先导，定量分析为支持，从系统内部的机制和微观结构入手，剖析系统，进行建模，并借助计算机模拟技术分析研究系统内部结构与其动态行为的关系，以寻找解决问题的对策。因此，系统动力学模型可视为实际系统的实验室，特别适合于分析解决非线性复杂大系统的问题(王其藩, 2009)。

自 1956 年系统动力学产生后，作为系统科学和管理学的分支，系统动力学以信息反馈系统为研究对象，以认识、解决系统问题为研究目的。最初，它仅在工业企业管理方面得到应用，而后，其使用范围逐渐扩大，直至深入各个领域，遍及各类系统，20 世纪 80 年代起，系统动力学在各领域得到了飞跃性发展，从而进入了比较成熟的阶段(王其藩, 2009)。

在系统动力学中，系统被定义为随着时间的推移不断相互作用的元素集合，这些元素交互形成一个统一的整体。系统的两个重要组成部分是结构和行为，系统结构被定义为系统组件的集合及其关系，包括对系统有重要影响的各个变量；系统的行为指的是元素或变量组成的系统随时间变化的某种方式。系统动力学的基本理论前提是系统的行为大部分是由其底层结构所造成的(Wu & Yan, 2009)。

5.1.1　系统动力学概述

系统的"反馈"是系统动力学中的核心概念，是指系统内单元子块的信息传递和回授，或者指该单元子块的输入或输出。从系统整体角度上来看，系统与外界的输入和输出的关系也称为"反馈"。系统的"反馈"是整个系统得以不断运行和发展的原因，且"反馈"是通过系统中各个元素的因果作用进行的。人们将系统中某个元素通过闭合的因果循环序列间接影响自身的行为或信息传递称为反馈回路或者因果回路，而没有闭合的因果链称为开循环。

系统动力学使用因果关系图来描述系统内部各单元子块之间的因果关系和反馈回路。其中，如果用"+"表示从一个元素 A 到另一个元素 B 的因果关系是正的，这表示如果 A 从 a_1 增加(或减少)到 a_2，则元素 B 会和元素 A 一样在同一方向上发生变化，即从 b_1 增加(或减少)到 b_2；反之，如果用"−"表示从一个元素 A 到另一个元素 B 的因果关系是负的，这表示如果 A 从 a_1 增加(或减少)到 a_2，则元素 B 会与元素 A 在反方向上发生变化，即从 b_1 减少(或增加)到 b_2。

系统动力学建模用"流"来描述系统的图称为存量-流量图。这些流通常由速率变量、水平变量(积累量)、辅助变量以及常量组成，如图 5.1 所示，其中，水平变量(积累量)指的是一个随着时间的累积而流入和流出的"流"。水平变量的流入或者流出的速度称为速率变量。而水平变量和速率变量的动态函数受辅助变量和常量的影响。当仿真以小的等间隔增量推进时间时，它计算了水平变量的变化。

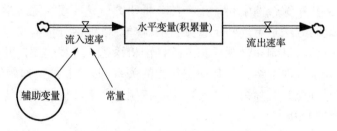

图 5.1　系统动力学存量-流量图示例

通常来说，系统动力学仿真流程一般由以下步骤组成。

步骤 1：问题分析。建模的第一步就是要回答以下问题：建模的目的是什么？模型的范围是什么？哪些行为需要在模型中被分析？只有当问题的范围相当集中时，问题才能被很深入地分析。

步骤 2：抽取并标识关键元素。在系统中很多因素作用下产生了可观察到的行为，因此，在此步骤中，只要被认为是产生可观察到的行为的重要对象和变量，无论有形还是无形，都应该把它们标识出来。

步骤 3：因果图绘制。在抽取系统中的关键元素之后，需要将它们之间的因果关系标识出来，并绘制出因果图，该图应包含并链接所有因果反馈回路，并能对整个系统进行分析。

步骤 4：建立定量的系统动力学模型。系统动力学的模型是一个包括定量和定性信息的明确描述，初始模型的实现需要把因果图转换成一组方程式，然后，选择模型变量，精确地定义速率方程，并设置所选变量的初始值。

步骤 5：模型检测、校准和仿真。一个模型版本通过静态验证后，动力学敏感度分析被用来检测所有选择的因素是否对重现之前规定好的行为模型是必不可少的。然后，通过再次校准仿真模型，从之前项目或者文献中得到数据集用来仿真预测不同管理政策、行动或决策的可能结果，以及可以被观察到的系统行为。

5.1.2　软件需求变更管理

软件需求在系统的整个生命周期中不断变化，包括添加新的需求、更改或删除现有的需求。另外，需求变更的原因是多方面的，包括错误或不完整需求引起的需求变更、上下文的演变引起的需求变更、利益相关者期望应用程序进行变化、法律条文的变更、新技术或市场上额外的竞争等，都会影响需求做出必要的变更。此外，如果需求中的一个错误是引起系统故障的原因，那么在部署系统之后，需求变更的发生也可能来自系统故障。总之，需求变更原因的多样化给软件工程带来诸多不确定因素。

除此以外，需求变更的频率也给软件的进度、质量、成本以及客户满意度带来诸多威胁。需求变更的发生频率作为重要指标之一，反映利益相关者对软件的关注和理解程度。如果变更请求在系统开发过程中很少发生，可能是因为利益相关者对开发的系统没有太大的兴趣，这可能导致用户对开发的系统满意度较低。反之，如果需求变化的过于频繁，利益相关者的过度参与会使得开发出高质量软件系统变得几乎不可能。同样，需求的高变化频率也表明需求工程活动没有得到很好地执行，如沟通障碍等。另外，需求变更过于频繁，还浪费了开发项目中的大量资源和成本。

总之，需求变更给软件带来诸多不确定因素，既可能使软件成功，也可能导致软件失败。进行需求变更管理的目标就是通过对需求变更的预测和控制从而最小化需求变更对项目造成的危害。简言之，需求变更管理就是通过各项措施来保障每个需求变更状态改变可被追溯，并且每个需求变更请求都能被正确识别和实现（Pohl, 2012）。

软件需求工程通常分为需求开发和需求管理（Wiegers, 2003），如图 5.2 所示。需求开发由需求获取、需求分析、需求规约说明以及需求验证四个子领域组成（Bourque & Fairley, 2014）。需求管理则主要由需求属性分配、定义需求视图（即需求表示方式选择）、定义需求优先级、需求追踪、需求版本控制、需求变更管理以及需求度量七个子活动组成（Pohl & Rupp, 2011）。

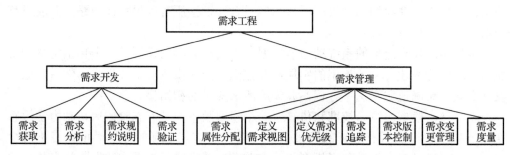

图 5.2　软件需求工程划分图

软件需求变更管理作为需求管理的重要子活动之一，通常由需求变更控制委员会负责与此有关的软件活动并定义、建立需求变更管理过程。具体来说，按照以下需求变更管理过程进行需求变更管理。

（1）估算执行需求变更所需工作量。通过变更影响分析预估完成每个需求变更的工作量，该工作量不仅涵盖对那些受到变更请求影响的工作需要调整，而且还包括对系统架构、实现等的调整，以及变更带来的检测工作量。

（2）针对每个需求变更请求进行成本-效益分析。

（3）接受或拒绝需求变更请求。将被拒绝的变更请求以及原因告知干系人，即与此变更请求有关的所有利益相关者。

（4）根据变更请求定义新的需求变更或新的需求。

（5）需求变更请求分类。对接受的需求变更请求进行分析后，将变更请求分配至不同类别。

（6）确定需求变更请求的优先级。

（7）为接受的变更请求分配任务并实现它们。

敏捷开发认为项目中的变化无可避免且有价值，接受变化有助于满足不断变化的业务目标及其优先级，同时能适应人为计划的限制及预见性不足问题，故敏捷项目为积极响应变化而特别设计。与传统软件项目不同的是，敏捷项目通过维护待办列表来管理变更，如图 5.3 所示。

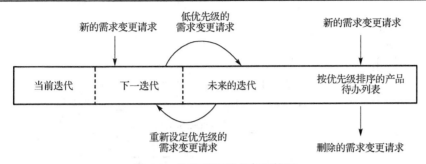

图 5.3　敏捷项目需求变更管理

在动态列表中包括尚未实现的用户故事、待修复的缺陷、待处理的业务流程变更、待开发与交付的培训以及所有软件项目中涉及的各种活动。每个迭代实现待办列表中具有最高优先级的一组工作项。当干系人增加新变更时，就进入待办列表并与待办列表中的其他工作项进行优先级排序。尚未分配到迭代中的变更任何时候都可以重新进行优先级排序或从待办列表中删除。而一个新的高优先级的变更请求可以分配到下一迭代中，而将差不多大小的优先级任务延到之后的迭代中完成。总之，通过精心管理每个迭代的范围，确保能够按时高质量地完成需求变更管理。

然而，需求变更管理过程作为软件过程之一，也需要不断改进，来提高软件的质量和客户满意度。软件过程改进是指一种旨在提高组织软件过程性能和成熟度的活动方案以及该方案带来的结果(O'Regan, 2010)。将优秀的需求工程经验付诸行动是软件需求过程改进的本质。需求过程改进的终极目标是通过将一系列优秀的软件过程实际经验付诸行动从而降低软件的成本，控制软件维护周期，并提高软件的质量。要到达以上目标，需要纠正过往软件需求过程中的缺陷或问题；需要对未来需求过程中可能产生的问题进行预防；需要采用更优秀、更有效的方案。

在软件过程中，软件需求过程处于核心位置，是其他技术和工具得以正常运作的基础，而其他软件过程也影响着软件需求过程。软件需求变更管理过程作为软件需求过程的子过程之一，通常采用如图 5.4 所示的循环进行过程改进(Wiegers, 2003)。

过程改进的第一步是对当前的过程进行评价，找出优势和不足。后续步骤将根据第一步的评价结果来选择改进方案。第二步是制定改进方案，方案需明确改进目标、参与者、行动计划，且可被度量。当确定改进方案后，第三步是将改进方案付诸行动，在真正实施改进方案时，应进行试点来进一步调整方案使其发挥最大成效。当方案实施结束后，应该评估改进的结果，总结经验，对参与者进行培训，以使下一次改进工作成效更好。这样，该过程不断循环往复，直至逐渐达到过程改进的目标。

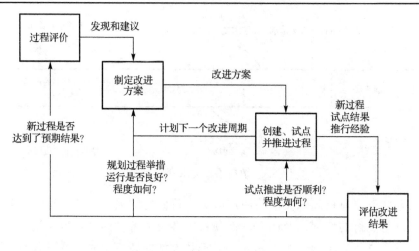

图 5.4　软件过程改进循环

5.1.3　相关工作

在软件需求变更影响分析和变更管理方面，研究工作可分为实证研究和仿真研究。例如，Nurmuliani 等人(2006)通过对多站点软件组织的两个软件项目发布版本的实证研究，分析软件需求变更对软件开发工作的影响，并指出在软件生命周期的末期进行软件需求变更对软件的成本和进度来说是一个高风险的软件活动。对于软件过程的实证研究而言，通常需要花费较长时间，并且往往当得知结果不理想时，已经无法改变，而仿真则可以通过收集与实证研究同样的数据，在较少时间内发现隐患，从而在实际过程执行时避免隐患以达到可控的结果。因此，软件过程仿真逐渐得到重视，在具体实施仿真研究方面，研究者主要使用系统动力学的连续仿真或 Petri 网的离散事件仿真等软件过程仿真方法进行相关研究(Kellner et al., 1999)，其中，使用系统动力学方法的文献在几种软件过程仿真方法中最多，因为在软件过程中，人员的流动、需求的变更、质量的变化等均属于连续变化，都更适合用系统动力学进行仿真。

系统动力学在软件工程领域方面的研究可追溯至 1964 年，Roberts(1964)首先使用系统动力学建模软件项目管理模型，用于分析项目的研发。作为系统动力学在传统软件项目管理中的第一个经典范例，Abdel-Hamid 和 Madnick(1991)建立了 Abdel-Hamid 模型，该模型由人力资源管理、软件生产、计划和控制等部分组成，集成了软件开发过程的多种功能，包括管理类型功能(如计划、控制和人员配置)和软件生产类型活动(如设计、编码、评审和检测)。此后，Abdel-Hamid 模型被应用到众多将系统动力学应用于软件项目管理和软件工程领域的相关研究中，至今仍具有巨大的研究和应用参考价值(贾静, 2014)。

除了 Abdel-Hamid 模型被大量用于软件项目管理以外，系统动力学还被广泛用于软件过程领域方面的研究。与其他软件过程仿真方法相比，系统动力学所独有的因果反馈机制以及动态分析特点，使得系统动力学非常适合于软件过程改进仿真建模。Madachy（2007）在系统动力学的基础上，对软件过程的行为和结构进行分析，提出软件过程动力学（software process dynamics），并提供大量工业界的案例来帮助人们学习软件过程动力学的使用。Kellner 等人（1999）对软件过程仿真建模方法的文献综述中提到，根据研究目的，基于系统动力学的软件过程仿真建模研究分为策略管理、计划、控制与运行管理、过程改进与技术适应、理解以及培训与学习。此外，Pfahl 等人（2004）使用系统动力学方法建模汽车自动化产业通用的战略软件过程改进仿真模型。Ruiz 等人（2004）使用系统动力学方法仿真和建模基于 COTS（commercial-off-the-shelf）的软件过程，以帮助理解这种软件开发过程的具体特点，并基于此模型设计和评价软件过程改进。Lin 等人（1997）利用系统动力学的反馈原理，模拟软件生命周期开发活动和管理决策过程之间的动态交互，以帮助进行软件成本、进度和功能的度量。Ali 等人（2015）提出一个框架执行仿真辅助的价值流图，用于识别软件过程的消耗并给出过程改进建议。Fatema 和 Muheymin（2017）通过分析生产力的影响因素，提出了一种基于系统动力学的敏捷软件开发团队生产力模型。

系统动力学也常用于软件需求工程领域的研究。Stallinger 和 Grünbacher（2001）对软件开发早期阶段需求活动中的 EasyWinWin 过程进行建模和仿真。在需求易变性方面，Thakurta 和 Suresh（2012）在软件需求波动情况下，分析需求波动及人力变化对软件质量的影响；Ferreira 等人（2009）使用系统动力学和随机离散型分布的混合模拟方法对需求波动进行建模，面向需求波动对软件项目的工作量、成本、时间等影响进行仿真分析；Cao 等人（2010）对 Abdel-Hamid 模型进行调整并加入了敏捷开发中所强调的结对编程、重构、用户参与、需求变更管理等软件活动以使其能够适用于敏捷开发软件过程，并在案例中证明改进模型的有效性。此外，Rus 等人（1999）以软件可靠性为侧重点进行了系统动力学的软件过程仿真建模，作为软件项目决策支持系统的一部分，用于协助项目经理以质量驱动的方式规划或定制软件开发过程。在信息安全方面，Dutta 和 Roy（2008）建立了技术和行为安全因素之间相互作用的系统动力学模型，并分析了它们对组织 IT 基础设施业务价值的影响。Antoniades 等人（2002）使用了动力学方法对开源软件的软件开发过程进行一个通用的仿真模型建模，并使用 Apache 开源服务器中的开源项目数据进行仿真对比，说明其模型的有效性。Ali 等人（2017）对基于代理的软件演化模型进行系统动力学仿真建模研究。

总之，国外学者在软件领域应用系统动力学的研究成果较为丰富，且为实际的软件项目节省了客观的时间和成本，带来了一定的经济效益，根据 Godlewski 和 Cooper 的调研（2012），系统动力学方法在软件领域的应用为将近 100 个软件项目节约了大约 80 亿美元的成本。

　　根据已有调研，与国外相比，国内系统动力学在软件工程领域的研究尚处于起步阶段且相关文献较少。例如，何满辉和杨皎平(2007)运用系统动力学方法建模软件项目进度管理及预测，并分析人员配置对项目进度的影响。吴明晖(2007)介绍基于系统动力学的连续型软件过程建模与仿真方法，并以 Brooks 法则作为实例描述该方法的基本要素和优势。翟丽等人(2008)用系统动力学建模软件开发项目中各因素之间复杂的相互作用关系对项目绩效的影响，为项目管理者提供一个可靠的工具。贾静(2014)基于软件项目需求变更进行系统动力学建模，模拟不同条件下需求变更对初始模型的影响，在此基础上，对初始模型进行改进，并进行需求变更控制仿真和分析。

　　Franco 等人(2017)对软件和信息系统的系统动力学仿真研究进行文献映射研究，总结出当前系统动力学在该方面的大多数文献侧重于技术方面且没有明确系统动力学建模开发过程的完整步骤，从而导致了研究成果的应用受阻等不良影响。本章接下来使用系统动力学方法对开源软件需求变更管理过程进行仿真建模，完整地对模型进行系统动力学检测，并使用实际开源软件项目中的数据作为模型的输入数据，对软件需求变更管理过程进行仿真及需求变更驱动的软件过程改进仿真，为控制项目成本和进度、提高质量，提供软件过程改进建议。

5.2　软件需求变更过程系统动力学建模

　　在当前软件需求急剧增长和迅速变化的时代背景下，要求用户一次性提出所有需求且不再改变是不现实的，因此人们普遍认为软件需求变更的发生不可避免。Curti 等人(1988)的研究表明，对于软件行业的大多数组织来说，软件需求变更的频繁发生是在系统开发过程中造成重大困难的一个因素。软件需求变更给软件的进度、质量、成本等造成威胁(Zowghi & Nurmuliani, 2002; Nurmuliani et al., 2006; Williams et al., 2008)，如不能对其进行有效管理，可能会给软件带来诸多负面影响，甚至导致软件失败。由此可见，能否对软件需求变更进行有效管理是决定软件成功与否的重要因素之一。

　　近年来，随着软件需求变更管理研究的逐步深入，使用系统动力学方法对软件需求变更管理过程进行仿真建模的研究优势已逐渐显现出来。使用系统动力学方法将软件需求变更管理过程视为具有多阶反馈回路的系统，从全局角度，通过因果反馈机制动态分析并预测软件需求变更产生的原因以及变更对软件进度、成本和质量造成的影响，能够帮助各软件项目进行有效的需求变更管理，降低需求变更给软件项目带来的风险，最终为各软件组织和公司节约可观的时间和成本(Godlewski & Cooper, 2012)。

使用系统动力学方法建模的另一个目的是对软件需求变更管理过程改进进行仿真。基于软件需求变更管理过程所建立的系统动力学仿真模型是现实软件需求变更管理过程的抽象，对模型变量、方程的调整可以模拟现实中对软件需求变更管理过程改进的一系列措施，并根据模型运行的仿真结果来分析改进效果，以达到辅助软件组织进行需求变更管理过程改进的目的。

当前大多数学者基于经典瀑布模型进行软件需求变更管理系统动力学仿真建模研究，基于敏捷开发的研究尚处于起步阶段，而对于开源软件开发等其他的软件开发模型的研究尚属于空白。开源软件项目在软件需求变更管理过程中，可以快速、灵活且有效地进行软件需求变更管理。

开源软件的突飞猛进，给软件需求变更管理带来新的挑战。与传统商业软件不同，开源软件的需求数量更为庞大且不断变化，这就导致需求变更发生更为频繁，故开源软件的需求变更管理必须采取轻量级、灵活的工具和方法来进行。issue 跟踪系统作为当前用于开源软件需求管理最为流行的工具之一，可以对需求变更请求进行有效收集、评审和跟踪。另外，敏捷方法所具有的快速响应、不断迭代的特点与开源软件需求变更管理的要求相符，且根据已有调研，当前还没有使用系统动力学方法对开源软件需求变更管理过程进行仿真建模的文献发表，综上，下面对使用 issue 跟踪系统的开源软件需求变更管理过程进行系统动力学仿真建模研究。

5.2.1　软件需求变更过程系统动力学仿真建模框架

本章按照如图 5.5 所示的七个步骤进行软件需求变更管理过程的系统动力学仿真建模。

步骤 1：文献整理与总结。收集整理与系统动力学在软件过程方面研究有关的文献以及软件需求变更方面的文献，明确国内外研究现状后，对文献进行总结，为后续研究工作提供支持。

步骤 2：开源软件需求变更过程行为分析。系统动力学仿真建模要求建模的范围选取必须集中，否则无法深入分析建模需要解决的问题。只有当建模的目的、模型的范围以及模型的需要分析的行为相当明确时，才能进行下一步工作。建模的必要性以及目的是最先要明确的。其次，确定模型的范围。为了更加有效地分析开源软件需求变更管理给开源软件项目的成本、规模大小、质量、进度带来的影响，模型的范围确定为与开源软件需求变更及其管理有关的软件活动。最后，通过分析当前多个开源社区中的开源软件的需求变更行为以及查阅相关文献，总结出开源软件需求变更及其管理过程的共同行为特征。

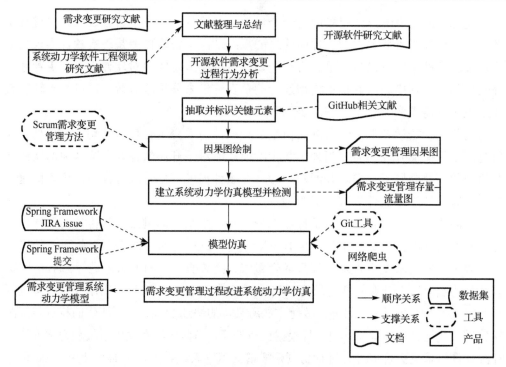

图 5.5　需求变更管理的系统动力学仿真建模研究框架图

步骤 3：抽取并标识关键元素。在开源软件需求变更管理过程中，在很多因素共同作用下产生许多可观察到的行为。因此，只要被认为是产生可观察到的行为的重要对象和变量就把它们标识出来，无论是有形还是无形的。在本章中，开源软件使用者、开源软件的开发人员等可以被触摸到的对象就是有形的；需求变更请求、软件项目中的缺陷等不可以被触摸到的对象就是无形的。

步骤 4：因果图绘制。在抽取系统关键元素之后，就应该把它们之间的因果关系标识出来，并绘制出因果图。因果图应包含关键元素并链接所有因果反馈回路，并能正确完整反映开源软件需求变更管理过程的行为特征。

步骤 5：建立系统动力学仿真模型并检测。建立定量的系统动力学模型，完成存量-流量图绘制，所建模型是一个包括定量和定性信息的明确描述。初始模型的实现需要把因果图转换成一组方程式，并且，模型必须明确模型变量，精确地定义速率方程，并设置所选变量的初始值。然后，对所建模型进行系统动力学检测，以发现模型中的错误和局限性，并进行纠正。

步骤 6：模型仿真。在模型建立以后，以 Spring Framework 项目为研究案例，收集 Spring Framework 版本分支 3.2.x 的相关数据作为基线数据，使用 Vensim 工具对模型仿真，并根据仿真结果分析总结当前 Spring Framework 版本分支 3.2.x 需求变更管理过程中存在的不足和进一步优化之处，以帮助利益相关者进行下一步的软件需求变更管理过程改进仿真。

步骤 7：需求变更管理过程改进系统动力学仿真。首先，根据步骤 6 中所得的分析结果，对模型进行调整以仿真软件需求变更管理过程改进活动。然后，对所得的仿真结果与基线结果进行对比。最后，根据对比结果，给出需求变更项目管理过程的改进建议。

5.2.2 开源软件需求变更过程及行为分析

根据杨波等人的文献(杨波等, 2017)和其他开源软件需求变更过程文献，整理分析得出，一个典型的开源软件的需求变更管理过程一般主要由以下步骤组成，如图 5.6 所示。

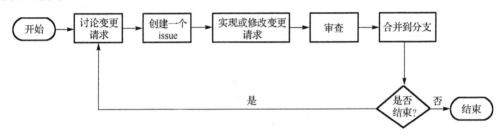

图 5.6 开源软件需求变更管理过程

首先，由开源社区团队成员根据邮件列表中的邮件讨论一个新变更请求。其次，为这个新请求创建一个 issue。接下来，实现或修改这个 issue。然后，审查变更请求的实现情况。最后，使用 Git 中的提交命令把实现或修改 issue 产生变动的代码提交到对应分支。

另外，通过对当前成功的大中型开源软件(如 Hadoop 等)的需求变更管理进行分析后发现，图 5.6 所示的一次迭代中只包含一个变更请求，且迭代周期不固定，此需求变更管理过程并不适用于大中型开源软件。大中型开源软件的需求变更请求数量每天都在急剧上升，为了能够更快、更有效地从数量庞大的变更请求中识别出最紧迫、最需要实现的变更请求并快速完成变更，大中型开源软件通常使用 issue 跟踪系统对需求变更和系统中的缺陷进行统一管理。在 issue 跟踪系统中，需求变更请求以及系统中的缺陷都统称为 issue。需要说明的是，本章将需求变更请求与系统中的缺陷加以区分，issue 专指需求变更类型的 issue，而系统缺陷类的 issue 则称为 bug。除了使用 issue 跟踪系统对需求变更进行管理外，大中型开源软件项目还在图 5.6 的基础上，使用类似 Scrumming 等敏捷方法对开源软件的需求变更管理过程进行优化，如图 5.7 所示。

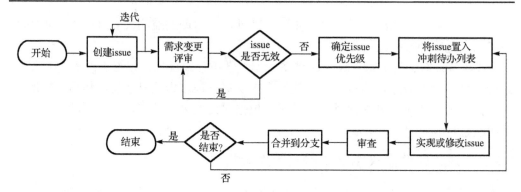

图 5.7 开源软件敏捷需求变更管理过程

整个过程由七个步骤组成，分别是创建 issue、分类 issue、确定 issue 优先级、选取 issue 到冲刺列表中进行迭代开发、实现或者修改 issue、审查代码、使用提交命令把实现或修改 issue 而发生变更的代码等内容提交到对应分支并不断进行冲刺迭代。

具体地说，首先，当一个需求变更请求被提出时，这个变更请求被创建为一个 issue。然后，项目管理者根据需求变更的紧迫性、用户的意愿强度等原则确定 issue 的优先级。接着，进行迭代开发以实现需求变更，一次迭代称为一次冲刺，每个冲刺迭代周期相对固定，通常为 2～4 周。在一次冲刺开始前，项目管理者根据 issue 优先级，确定此次冲刺中要解决的 issue，把 issue 加入冲刺列表中，开发者通过编写代码或修改文档等方式解决 issue 并通过审核之后，使用提交命令向对应分支提交修改内容，并合并到远程分支，完成一次开源软件需求变更。在此过程中需求变更对开源软件的 issue、提交代码行以及人工的工作量均产生了影响。在实际开源软件需求变更管理过程中，通常能够在一次迭代中完成多个需求变更，从而提高需求变更的响应时间和实现时间，且每次迭代的周期相对固定，可以及时响应快速变化的需求变更请求。

5.2.3 开源软件需求变更过程关键因素抽取及因果关系分析

根据上一节变更过程及行为分析，以及对相关软件需求变更文献的分析，选取有代表性的且与开源软件需求变更过程有关的关键因素(如项目的人力资源、进度、质量)进行抽取后，确定各关键因素之间的因果关系，并绘制因果关系图，如图 5.8 所示。需要说明的是，与传统商业软件不同，开源软件的基本特征之一就是完全免费，在其开发过程中一般不涉及经费管理问题，且开发工作大多是开发团队成员自愿无偿完成的。因此，不需要考虑需求变更对项目经费的影响。

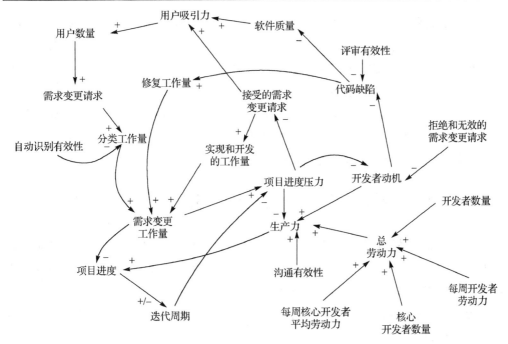

图 5.8　开源软件需求变更因果关系图

　　因果关系图的起因是需求变更请求，包括接受的需求变更请求以及拒绝和无效的需求变更请求。需求变更的影响通常直接反映在项目工作量的变化上，为了能够较为详细地分析需求变更对软件项目造成的影响，因果图中将需求变更引起的工作量变化细分为三类，分别是：对需求变更请求分类所需的工作量、实现和修改接受的需求变更请求所需的工作量、修复缺陷所需的工作量。需求变更请求分类工作量指的是需求变更请求提交后，项目组的成员需要对需求变更请求进行分类，以区分出合理、有效请求的工作量，也就是传统软件项目中需求变更评审活动所花费的工作量。目前，大中型开源软件项目通常都使用需求变更管理工具或是 issue 跟踪系统进行软件需求变更管理，这些工具可以在一定程度上帮助项目管理人员进行请求的初步过滤(Heck & Zaidman, 2013)，以减少项目组成员在此方面的工作压力，这也是因果关系图中工具自动识别有效性的作用。当需求变更请求被接受，接下来就需要花费人力和时间去实现或者修复这个变更，这就是实现或修改变更请求所需工作量。另外，由于需求变更的产生，有可能会造成新的缺陷产生，为了修复这些缺陷，修复所需要消耗的工作量就是修复缺陷所需的工作量。

　　随着需求变更请求的增加，需求变更所消耗的工作量也会增加。这一系列的变化又引起项目进度的变化以及项目进度压力的变化。而项目的持续时间增加，使得需要对变更过程中每一个冲刺的迭代周期进行调整，以适应需求变更所需完成的工作量要求，从而达到减轻项目压力的目的。项目进度压力作为项目开发过程中的重要影响因素，受到冲刺迭代周期和需求变更所需工作量的共同影响，通过两者的共同控制，把项目进度压力控制在合理有效的范围内，从而保证软件的较低缺陷率和人员的较高生产率。另外，软件的低缺陷率是高软件质量的特征之一，当软件的质量较高时，能够从一定程度上提升项目对用户的吸引力，从而最终达到对开源软件项目的需求变更进行有效管理的目的。

5.3　开源软件需求变更过程系统动力学建模

根据因果关系图，使用存量-流量图进行过程建模时，根据要素类型的不同，将开源软件的软件需求变更管理过程的系统动力学模型分为需求变更管理子系统、人力资源子系统、质量保证子系统、进度控制子系统以及需求变更实现子系统。五个子系统相互联系，相辅相成，共同实现需求变更管理功能的同时，各子系统又有各自的功能和职责，如图 5.9 所示。

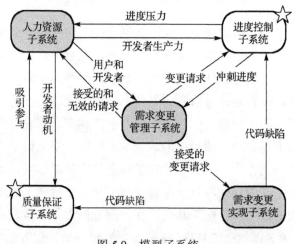

图 5.9　模型子系统

在五个子系统中，人力资源子系统为进度控制子系统提供劳动力支持；质量保证子系统主要负责对类型为缺陷的变更请求进行修复以保证系统的质量，其受人力资源子系统以及需求变更子系统产生的缺陷影响；需求变更管理子系统负责需求变更（即非缺陷类型的变更请求）请求的管理，另外，该子系统中的需求变更请求数量随人力资源子系统中用户人数的变化而变化；需求变更实现子系统负责实现和完成与需求变更有关的变更请求的编码、提交工作；进度控制子系统负责统筹与需求变更有关的工作量，计划冲刺迭代周期，变更修复的持续时间并控制进度压力，以保证高效率地开发低缺陷率的高质量软件。

5.3.1　人力资源子系统

人力资源子系统的存量-流量模型图如图 5.10 所示，该子系统的功能是对开源社区的人力资源进行统一配置和管理，使之能够尽可能满足进度控制子系统对人力的要求。需要说明的是，该子系统模型中的三层人员转化来源于开源社区人员构成的"洋葱"模型 (Aberdour, 2007)，如图 5.11 所示。

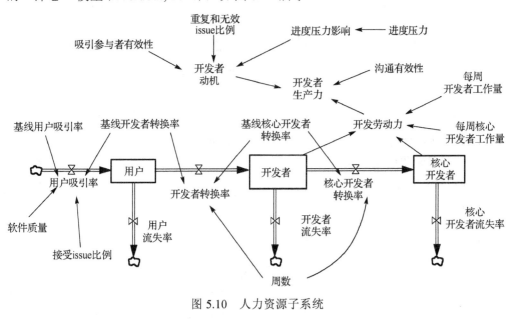

图 5.10　人力资源子系统

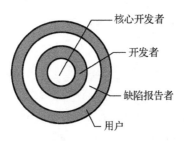

图 5.11　开源软件开发组织洋葱模型

"洋葱"模型指的是开源软件的用户在一定条件下通过对项目做出一定的贡献后成为开发者，而当其贡献度达到要求时或者在某个方面表现突出满足开源软件项目人员转化条件的情况下，又可以转化成为项目的核心开发者。采用该模型的开源软件社区的人力由开发者和核心开发者共同组成。但在通常情况下，核心开发者付出的工作量比开发者的工作量多出几倍甚至几千倍，因此合理地对工作量进行分配，尽可能地调动开发者的积极主动性是开源软件社区人力资源管理的重要活动，也被包含到该子系统的模型中。

人力资源子系统的系统动力学模型中部分关键变量的释义和方程如下：

沟通有效性表示沟通对人员生产效率造成的影响，其数值等于 1 表示沟通有效性为 100%，即人员沟通之间没有障碍，理想状态；其数值等于 0 到 1 之间表示沟通有效小于 100%，但沟通有效；当数值等于 0 时表示开发人员之间没有沟通，沟通有效性为 0%。

开发劳动力表示开发者和核心开发者每周可提供的总劳力，方程为：total workforce=core developer average workforce per week×number of core developers+developer average workforce per week×number of developers。

生产力是开发人员每周可以解决的 issue 数，方程为：productivity = total workforce×((developers' motivation+communication efficiency)/2)。

开发人员动机强度表示开发人员士气，受进度压力、激励措施有效性以及无效的需求变更请求影响，方程为：developers' motivation = (1+schedule pressure influence table)×(1−percent of invalid issue)×(1+effectiveness of encourage measures)。

5.3.2　需求变更管理子系统

需求变更管理子系统发挥着需求变更管理的功能，作为模型的核心部分，反映开源社区快速对需求变更做出响应，并通过优先级评估、工作量评估等一系列的评估活动，以及不同的管理策略对需求变更进行有效管理的过程。该子系统如图 5.12 所示，根据图 5.7 和图 5.8 所示的变更过程和因果关系图进行需求变更管理子系统的建模。

需求变更管理子系统的系统动力学模型中两个关键变量的释义和方程如下：

分类工作量是对需求变更请求进行评估所花费的工作量，等于人工进行评审的需求变更请求的个数，方程为：triage effort=(1−automatic recognition effectiveness)×(accepted issue rate+invalid&duplicate rate)。

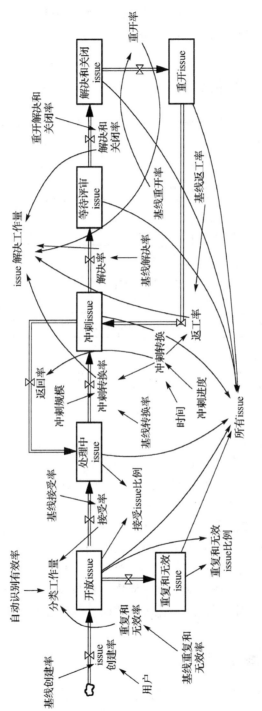

图 5.12　需求变更管理子系统

返工率表示项目中每周需求变更请求重做的数量,方程为:rework rate=IF THEN ELSE(sprint switch=1:AND:"baseline rework rate">=0, "baseline rework rate", 0), sprint switch=1 表示冲刺开始。

5.3.3　需求变更实现子系统

需求变更实现子系统的功能是对接受的需求变更请求的实现和修改进行仿真,该子系统反映开源软件开发过程中与软件需求变更直接相关的提交过程以及代码的变更过程,如图 5.13 所示。

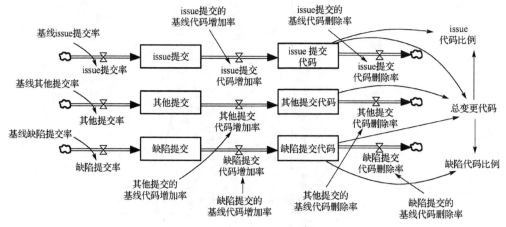

图 5.13　需求变更实现子系统

当一个变更请求被实现或者修改完成之后,要通过 Git 版本管理软件中的提交命令提交到远端仓库,执行一次提交命令中被提交的内容包括:为了实现这个变更请求而发生变更的文件以及每个文件增加和删除的代码行数。通过这样的管理,执行一次提交命令就会造成代码行数的变更,因此对代码行变更的过程进行建模可以分析需求变更对代码行造成的影响,也就是对软件规模大小造成的影响。需要说明的是,提交的内容并不都是与变更请求有关的,因此,为了更好分析需求变更对提交和代码行的影响,模型中将提交的有关内容划分为与 issue 有关的提交、与 issue 无关的提交以及与缺陷有关的提交三类。同样,将与代码行 issue 有关内容划分为与 issue 有关的代码行变化、与 issue 无关的代码行变化以及与缺陷有关的代码行变化三类。

5.3.4　质量管理子系统

软件质量是软件成功与否的重要标志。软件需求变更使得软件的代码发生变更,代码的变更有可能导致新的缺陷产生,从而可能影响软件的质量,作为需要重点分析的对象之一，软件的质量管理单独作为一个子系统能详细地反映需求变更对软件质量带来的影响，如图 5.14 所示。

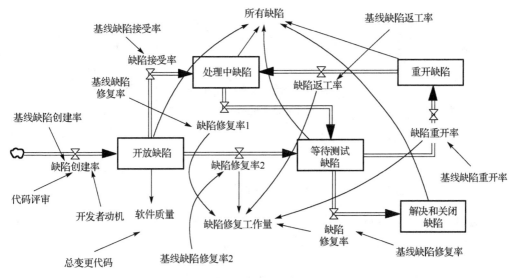

图 5.14　质量管理子系统

在 issue 跟踪系统中有一种变更请求的类型为缺陷，从一定程度反映着软件质量的好坏，因此，模型中软件质量用软件的缺陷率来描述，即每千行代码中缺陷的数量，软件的缺陷率越高，质量越差。缺陷的处理速度受到开发人员的动机强度、项目的进度压力以及代码评审有效性的共同影响。另外，模型中缺陷修复的速率表示开发人员对软件质量的重视程度以及软件开发人员的修复缺陷能力。

软件质量用软件的缺陷率表示，等于缺陷总数量除以代码总行数，方程为：
software quality（defect rate）=IF THEN ELSE（total code lines<>0, total number of bugs/total code lines×1000, 0）。

5.3.5　进度控制子系统

进度控制子系统的功能是对需求变更引起的工作量进行统计，并根据项目的进度压力以及人员的生产力等因素对项目的持续时间以及冲刺周期进行计划和控制，以保证项目的进度能够按照计划执行，如图 5.15 所示。

根据因果关系图，过大的进度压力会造成软件项目的缺陷增加，使软件项目的质量下降、人员的生产率下降以及减少对需求变更请求的接受等负面影响，因此该子系统还从调节冲刺迭代周期以及工作量两个方面对进度压力进行控制，从而降低过度的进度压力对项目带来的负面影响。

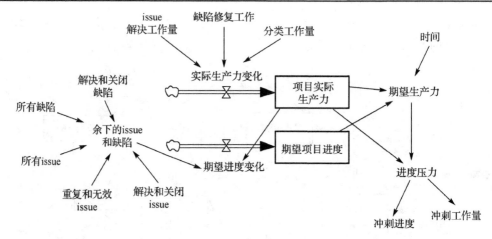

图 5.15　进度控制子系统

进度压力等于项目所需持续时间除以项目剩余的时间，方程为：schedule pressure=project duration needed/(plan project duration time)。

5.4　软件需求变更过程系统动力学模型检测

建模工作完成以后对模型进行检测能够帮助建模者和模型使用者确定模型是否与建模的目的相符，发现模型的缺陷并提高模型的有用性。下面根据 Sterman(2000) 提出的 12 种用于系统动力学模型的检测方法进行检测。根据前面提出的模型，选择 10 种方法对模型进行检测，检测目的、步骤和结果如表 5.1 所示。

表 5.1　系统动力学模型检测

检测方法	检测目的	检测步骤/未检测原因	检测结果
边界充分检测	确保模型中包含重要的概念，评估模型边界是否与建模目的相符	从模型中移除重要的因果反馈循环，观察系统是否出现异常行为； 删除一个反馈循环后，经过仿真运行后发现异常，如处于"开放"状态的缺陷数量为负导致模型行为出现异常，不符合现实系统缺陷数量不能为负的取值范围设定	模型通过边界充分检测
结构评估检测	确保模型符合质量守恒物理定律	检查模型中的方程，根据结果对变量的取值范围进行控制； 检测模型对于输入非法值的响应是否符合要求； 以需求变更管理子系统为例，对该系统中所有变量取极端值 −1，即取值范围之外的值，检测结果显示，在输入非法值的情况下，与现实系统中变量不为负的取值范围要求一致	模型通过结构评估检测
量纲一致性检测	检查每个方程量纲是否一致	使用 Vensim 自带的"Units Check"功能对模型进行量纲检测； 人工逐个进行方程量纲检查	模型通过量纲一致性检测

检测方法	检测目的	检测步骤/未检测原因	检测结果
参数评估检测	检查参数值是否与系统的相关描述一致且取值一致	完成该项检测需使用统计学方法和细化模型,但由于当前模型是软件需求变更管理过程的一个高度抽象,细化模型需要更多的项目细节和项目人员参与,故该部分检测将在下一步工作中完成	未检测
极端条件检测	确保变量在输入极端值的情况下,每个方程仍然有意义	检查方程是否能处理极端输入值;检测极端输入值模型的响应	模型通过极端条件检测
积分错误检测	时间单位选择应当合适,且具有足够的灵敏度	通过缩短模型的时间单位间隔来进行检测,将时间间隔从以周为单位缩减为以天为单位来进行检测	以周为时间单位比以天为时间单位更合适
行为重现检测	检查模型是否重现系统中的重要行为	使用 MATLAB 中自带的逐点拟合工具对仿真结果与实际数据进行比较,得到拟合优度 $R^2=0.9716$	R^2 的值越接近 1,说明回归直线对观测值的拟合程度越好,检测结果表明拟合程度高
行为异常检测	检查删除或修改关系时,模型是否出现异常行为来确定模型的重要关系	采用回路中断分析进行行为异常检测,通过屏蔽模型中各回路所带来的影响,观察模型是否有异常行为;在模型中删除任意一个基于因果关系图的结构,都会导致行为异常,所以这些变量都是不可屏蔽或删除的	模型通过行为异常检测
家族成员检测	确定该模型是否能够在与系统相同类的其他实例的中表现出不同行为	通过检测模型是否能生成在相同系统的其他例子中所观察到的现象来检测;除了对 Spring Framework 3.2.x 分支进行仿真建模外,还对 Hadoop 3.0.0 分支中的需求变更管理过程进行仿真建模,仿真结果表明,两个项目的多个变量均呈现不同的行为模式,说明模型具有能反映多种不同行为模式的能力,模型在所建模型的系统范围内具有一定的适用性	模型在不同案例中能表现出不同的行为,具有多样性
意外行为检测	检查模型中是否有意外行为发生	意外行为的发生是偶然且不可预期的,故只有当意外行为发生时,才进行检测	研究及分析期间,未发现模型的意外行为
灵敏度分析检测	评估变化带来的影响,即当假设在合理的不确定范围内发生变动时,模型所得出的结论是否事关重大	以变量评审有效性为例,分析采用代码评审的最差情况是经过代码评审后缺陷的报告量未减少,即评审有效性的变量取值为 0,最优的理想情况是经过代码评审后所有 bug 都被发现,即评审有效性的变量取值为 1,结合现实情况,评审有效性取值范围为 [0,1),检测结果表明基线情况处于最优情况和最差情况之间,故评审有效性的基线情况通过单值灵敏度分析检测	模型通过灵敏度分析检测
系统改进检测	建模的过程帮助系统变得更好	从代码评审、激励措施的有效性和需求变更请求评估三个方面对软件需求变更管理过程的改进进行仿真	仿真结果表明采用软件过程改进策略,系统质量得到提升

5.4.1　边界充分检测

边界充分检测是对模型边界的适当性进行检测，目的是评估模型边界是否与建模目的相符。模型边界一旦被确立，就应该考虑模型中是否有潜在的重要反馈会对模型的行为或政策产生显著影响，也应考虑已包含在模型中的反馈是否确实会对模型的行为或政策产生影响。下面对模型中已存在的重要反馈进行边界充分检测，即将整个反馈从模型中删除，观察模型是否会产生异常行为。以如图 5.16 所示的反馈循环为例，将该反馈循环从模型中删除，删除该反馈循环后，进度控制子系统如图 5.17 所示。经过仿真运行后，删除该反馈而发生变化的变量如图 5.18 所示。

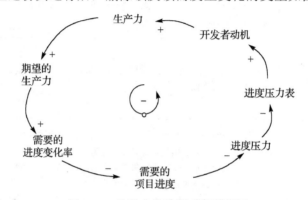

图 5.16　边界充分检测反馈循环图

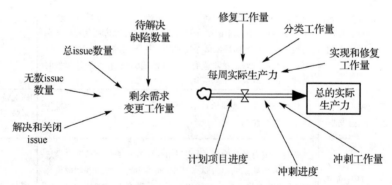

图 5.17　删除反馈循环后的进度控制子系统

在图 5.18 中，(a)是基线同删除反馈循环后以周为单位的缺陷数量的变化情况对比图；(b)是基线同删除反馈循环后缺陷产生的总数量的变化情况对比图；(c)是基线同删除反馈循环后软件质量变化的对比图。通过比较图 5.18(a)，删除反馈循环后处于开放状态的缺陷数量为负，模型行为出现异常，不符合现实系统缺陷数量不能为负的取值范围设定；比较图 5.18(b)，删除反馈循环后缺陷的总数量比基线的少，在项目生命周期后期缺陷的数量比基线中的缺陷数量少一半以上；比较图 5.18(c)，删除反馈循环后的软件缺陷率比基线结果低，这是由图 5.18(b)中的缺陷总数量减少造成的。

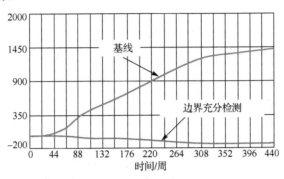

(a) 开放缺陷数

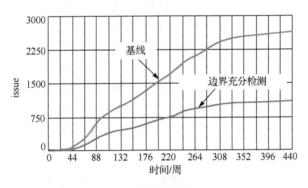

(b) 总缺陷数

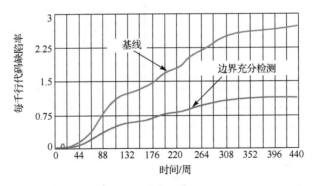

(c) 软件质量(缺陷率)

图 5.18　边界充分检测结果

　　综上所述，如果在模型中删除反馈循环，会造成模型的行为与现实系统不符（图 5.18(a)），且使得进度控制子系统的功能无法实现，即无法分析需求变更对软件项目进度造成的影响。因此，图 5.16 中的反馈循环是系统边界内的反馈循环，不能排除于系统边界外。

　　除了图 5.16 中的反馈循环外，模型还有其他的反馈循环，但由于模型中反馈循环的数量较多，选择对影响需求变更系统改进工作有重要影响的反馈循环进行边界充分检测，检测结果都显示，这些反馈循环都是在系统范围内必须要考虑的。

5.4.2　结构评估检测

　　结构评估检测的目的是检测模型是否与实际系统的相关知识相一致。结构评估着重检测模型的归纳能力、模型与守恒定律等基本物理规律的一致性，以及代理人的决策规则的真实性。下面对模型与守恒定律等基本物理规律的一致性进行检测，例如，在所建模型中，需求变更管理子系统中的速率变量"issue 转换入冲刺率"最小值应为 0，最大值不应超过待完成 issue 数，当"issue 转换入冲刺率"的取值不符合守恒定律时，模型应根据情况进行控制并发出警告提示。

　　以需求变更管理子系统为例，首先，对子系统内的各变量的方程进行检查并根据检查结果对变量的取值范围进行控制，各变量取值范围如表 5.2 所示。然后，进行极端条件检测，根据表 5.2 的取值范围对各输入变量设置如表 5.3 的极端条件取值-1，即各变量取值范围之外的值，来检测模型在不符合守恒定律时模型的行为是否与现实系统中的情况相符，同时检测在极端条件下模型的可靠性，检测结果如图 5.19 所示。

表 5.2　需求变更子系统速率变量取值范围表

变量名称	最小值	最大值
issue 创建率	0	
无效和重复率	0	开放 issue 数
接受 issue 率	0	开放 issue 数
issue 转换入冲刺率	0	待完成 issue 数
返回实现率	0	冲刺 issue 数
返工率	0	等待返工 issue 数
工作率	0	冲刺 issue 数
重开率	0	等待检测 issue 数
解决和关闭率	0	开放 issue 数
开放 issue 数	0	
无效 issue 数	0	
待完成 issue 数	0	

续表

变量名称	最小值	最大值
冲刺 issue 数	0	
等待检测 issue 数	0	
等待返工 issue 数	0	
解决和关闭 issue 数	0	

表 5.3　需求变更子系统极端条件检测表

变量名称	输入值
基线 issue 创建率	−1
基线无效和重复率	−1
基线接受 issue 率	−1
基线 issue 转换入冲刺率	−1
基线返工率	−1
基线工作率	−1
基线重开率	−1
基线解决和关闭率	−1

图 5.19(a) 表示 issue 创建率(上半部分图)在基线 issue 创建率(下半部分图)输入非法的情况下，与现实系统中 issue 创建率不为负的取值范围要求一致，故 issue 创建率在极端条件下仍能保持与现实系统的行为一致。与此类似，图 5.19(b) ~ (h)，上半部分图表示需求变更管理子系统中的各速率变量在基线输入变量(下半部分图)输入非法的情况下，与现实系统中各变量的取值范围要求一致，故需求变更管理子系统中的各速率变量在极端条件下的行为与现实系统的行为一致，各变量符合质量守恒物理定律，极端条件检测通过。

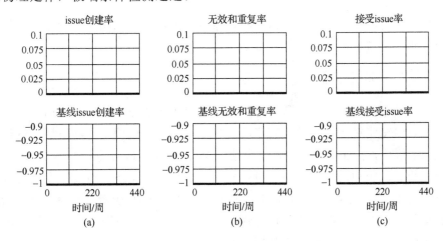

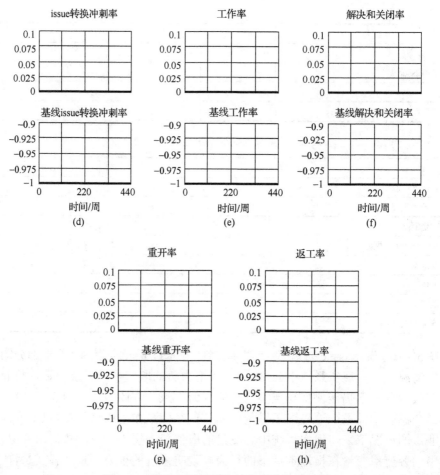

图 5.19　需求变更子系统结构评估检测结果

其他子系统的结构评估检测以及极端条件检测不再详细描述，检测方法均与需求变更管理子系统类似，且各系统都通过以上检测。

5.4.3　量纲一致性检测

作为最基本的检测之一，量纲一致性也是首先需要完成的检测。通常，在建模时，就应该给变量赋予正确的、有意义的量纲，而不是建模工作结束后才进行变量量纲赋值。因此，在建模过程中，首先使用 Vensim 软件自带的"Units Check"对软件需求变更管理模型的量纲一致性进行检验，之后，人工逐一对每个变量的方程进行检测。在第一次量纲一致性检测时，检测结果如图 5.20 所示，模型中存在量纲未赋值和量纲不一致的情况。进行模型量纲修正后，再次进行量纲一致性检测，模型量纲一致性检测通过，检测结果如图 5.21 所示。

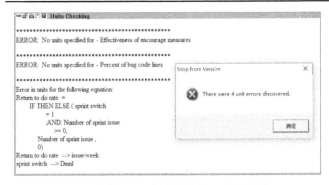

图 5.20　未通过量纲一致性检测　　　　　　图 5.21　通过量纲一致性检测

5.4.4　极端条件检测

模型应在极端条件下保持健壮性，这意味着无论输入值或政策多极端，模型都能够按照现实情况运行。对模型进行极端条件检测可以提高模型的可靠性。极端条件检测通常包括直接对方程进行检查和极端模拟仿真两个步骤。由于极端条件检测的目的同 5.4.2 节结构评估检测中的模型应同守恒定律等基本物理规律一致的目的相符，故极端条件检测同结构评估检测一起完成，检测过程以及结果详见 5.4.2 节。

5.4.5　积分错误检测

系统动力学模型是基于连续时间仿真建立的，并通过数值积分求解。正确选择一种模型的数值积分方式和时间运算间隔，有助于模型生成的数据足够精确且连续变化。另外，运算间隔或积分方式的选择不应对模型的仿真结果很敏感，否则可能导致模型产生一些错误的欺骗行为。

积分错误检测通常可以通过缩短模型的时间单位间隔来进行检测，将模型时间间隔从以周为单位缩减为以天为单位来进行积分错误检测。以后面 5.5 节案例中 Spring Framework 3.2.x 分支的质量管理子系统基线数据为例，以天为单位重新进行数据收集和清理后，进行积分错误检测仿真，部分检测结果如图 5.22所示。

图 5.22（a）表示以周为单位的缺陷创建速率，即每周 bug 创建的数量。图 5.22（b）表示以天为单位的缺陷创建速率，即每天缺陷创建的数量。比较图 5.22（a）和（b），以周为单位的缺陷创建速率能更精确、直观反映缺陷在分支的生命周期中创建数量的连续变化，故以周为单位较以天为单位更为适合作为本案例中的积分单位。图 5.22（c）表示以周为单位的处于开放状态的缺陷数量，图 5.22（d）表示以天为单位

的处于开放状态的缺陷数量。对比图 5.22(c) 和 (d)，处于开放状态的缺陷数量的变化趋势在图 5.22(c) 和 (d) 的大趋势上一致，故对于模型中的存量影响不大，即反映模型中存量的行为敏感度受积分单位选择的影响很小。

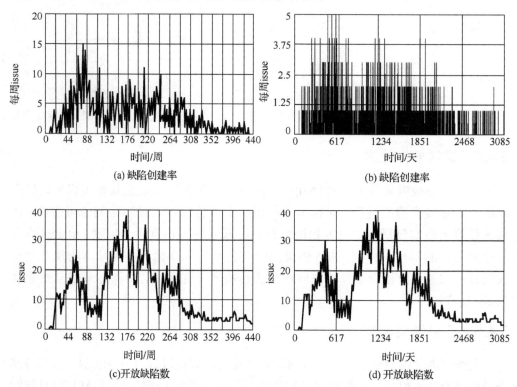

(a) 缺陷创建率　　　　(b) 缺陷创建率

(c) 开放缺陷数　　　　(d) 开放缺陷数

图 5.22　质量管理子系统积分错误检测结果

在质量管理子系统中，其他变量的检测结果如表 5.4 所示。

表 5.4　质量管理子系统积分错误检测表

序号	变量名称	测试结果
1	缺陷响应率	以周为单位更能直观、精确反映缺陷在分支的生命周期中的响应数量的连续变化，故以周为单位较以天为单位更为适合作为本案例中的积分单位
2	待完成缺陷数	以周为单位的和以天为单位对于模型中的存量影响不大
3	缺陷修复率	以周为单位更能直观、精确反映缺陷在分支的生命周期中的响应数量的连续变化，故以周为单位较以天为单位更为适合作为本案例中的积分单位
4	解决和关闭缺陷数	以周为积分单位的和以天为积分单位对于模型中的存量影响不大
5	软件质量(缺陷率)	以周为积分单位的和以天为积分单位对于模型中的存量影响不大

综上，根据检测结果的比对，将模型的时间间隔从周缩减至天，存量以及辅助变量的两个不同单位的积分单位的仿真结果在大趋势上一致，积分单位的选择对模型的存量以及辅助变量行为灵敏度几乎没有造成影响；另外，通过对速率变量检测结果的比对，以周为单位的时间间隔更符合模型对数据精确性的要求且更容易分析出需求变更对软件项目造成的影响。模型在积分单位方面的选择恰当，且对模型行为的敏感度几乎未造成影响，模型在积分错误检测中表现良好。

5.4.6　行为重现与异常检测

大多数统计学工具都可以完成行为重现检测。在系统动力学范围内，行为重现是模型重现建模系统的能力，使用逐点拟合方法来进行行为重新检测是最常见的方法。表 5.5 介绍常用的逐点拟合中常用的指标。

表 5.5　逐点拟合常用指标

拟合指标	定义
R^2	拟合优度：由模型"解释"的数据差异比例。 $R^2=1$ 时，模型精确地重现了实际数据；$R^2=0$ 时，模型输出的为恒定值
MAE	绝对平均误差
MAPE	绝对平均百分误差
MAE/Mean	绝对平均误差占数据平均值的比率
RMSE	均方误差(平方根)

本节使用 MATLAB 自带的驻点拟合工具进行行为重现检测。由于模型中变量较多，以变量缺陷创建率为例，其他变量的行为重现检测类似。将仿真数据同现实数据进行逐点拟合分析，得到如图 5.23 所示的拟合结果。

根据拟合结果，拟合优度 $R^2=0.9716$，RMSE=0.9472，可知模型中的数据较为精确地重现了现实中的数据。

行为异常检测通过仿真某些关系被删除或被修改是否会导致异常行为的发生，来检验这些结构的重要性。如果异常行为的确发生，那么说明该关系重要。下面采用回路中断分析来进行行为异常检测，在回路中断检测中，通过屏蔽模型中各回路所带来的影响，观察模型是否有异常行为。根据因果关系图以及 Vensim 工具所示的回路，由于 Vensim 对于因果关系的控制严谨，任何因果关系图中的任意变量被屏蔽，都会导致模型行为异常，无法正常运行，如图 5.24 所示，故模型中基于因果关系图的结构都影响着模型的行为，是不可被屏蔽或删除的变量。

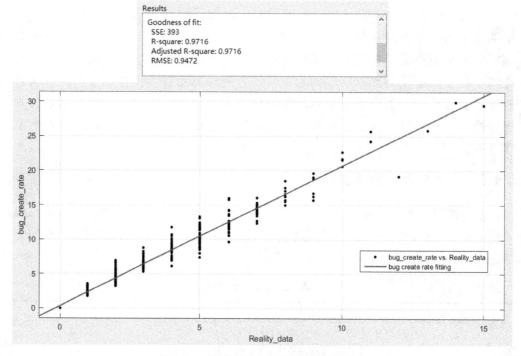

图 5.23　缺陷创建率行为重现检测结果

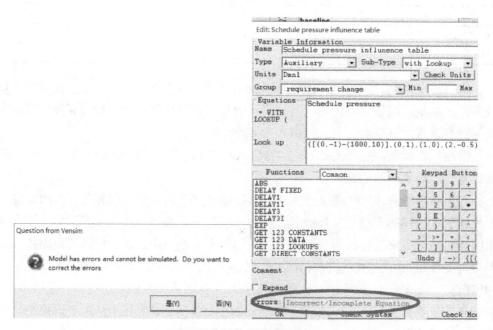

图 5.24　行为异常检测结果

5.4.7　家族成员检测

家族成员检测通过检测模型是否能生成相同系统的其他实例中所观察到的现象来检测模型的适用性范围。一个模型能代表的系统中的案例越多样化，说明模型的适用性越广。当模型所建模的系统包含多种不同的行为模式时，使用家族成员检测尤为有用。任何只能展示一种行为模式的模型都是需要被质疑的。

为验证模型的适用性，除在 5.5 节案例分析部分对 Spring Framework 3.2.x 分支进行仿真建模以外，还对 Hadoop 3.0.0 分支中的需求变更管理过程进行仿真建模。将经过 5.5.1 节中的数据收集和清理的 Hadoop 3.0.0 数据在模型中仿真运行,得到如图 5.25 所示的部分仿真结果。

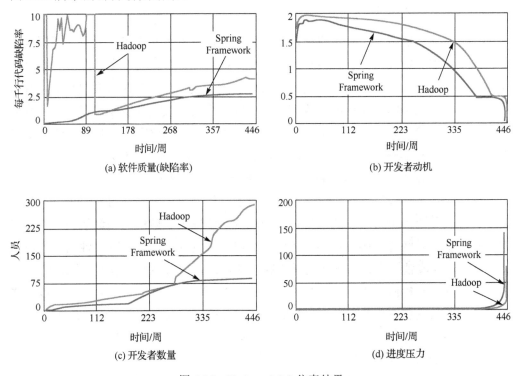

图 5.25　Hadoop 3.0.0 仿真结果

图 5.25(a) 是两个项目中系统缺陷率的变化情况，通过分析比较，Hadoop 项目的质量缺陷率在软件项目的前期波动巨大，且缺陷率极高，但在 108 周之后，缺陷率变化趋于逐渐稳定递增；Spring Framework 项目则一直表现出缺陷率变化逐渐稳定递增的趋势；两个项目的系统缺陷率呈现不同的行为模式。图 5.25(b) 反映的是

两个项目中开发者动机强度的变化情况,Hadoop 和 Spring Framework 项目的开发者
动机强度变化都较为相似,即呈现比较相同的行为模式,进一步分析模型中的开发
者动机强度变化的相似原因,是由两个项目中的进度压力(图 5.25(d))变化相似造
成的。图 5.25(c)反映的是两个项目中开发者数量的变化情况,Hadoop 项目的人员
在项目后期迅速增加,而 Spring Framework 的项目开发者数量在项目后期人数基本
不变,反映出两个项目的人数变化的不同行为模式。

　　综上,比较图 5.25 中每个子图,可以看到 Hadoop 3.0.0 分支的行为与 Spring
Framework 有明显差异,模型反映不同项目之间行为模式差异,说明模型具有能反
映多种不同行为模式的能力,模型在所建模的系统范围内具有一定的适用性。

5.4.8　灵敏度分析检测

　　灵敏度分析要检测的是当假设在合理的不确定范围内发生变动时,模型所得出
的结论是否事关重大。系统动力学的灵敏度包括三种:数值灵敏度、行为灵敏度以
及政策灵敏度。其中,数值灵敏度是指假设中的一次变动会改变结果的数值,行为
灵敏度是指假设中的一次变动会改变模型的行为模式,政策灵敏度是指假设一次变
动会颠覆一项已提议的诉求。在任何项目中,要考虑的灵敏度种类取决于建模的目
的。对于本节所提模型来说,数值灵敏度、行为灵敏度是需要被首先考虑和检测
的。因此,采用单值灵敏度分析检测方法对模型进行检测。

　　以代码评审有效性为例,进行单值灵敏度分析检测,分析采用代码评审的最差
情况是经过代码评审后缺陷的报告量并未减少,即评审有效性的变量取值为 0,最
优的理想情况是经过代码评审环节后所有缺陷都被发现,即评审有效性的变量取值
为 1,但在现实情况中,这种情况是不存在的,故评审有效性的取值范围是[0,1),
进行灵敏度分析检测,得到的检测结果如图 5.26 所示。在图 5.26(a)中,基线仿真
的是评审有效性在 5.5 节案例中基线的情况;最优情况代表的是无限趋近于 1 的代
码评审有效性,即代码评审可以发现所有缺陷的理想情况;最差情况代表的是代码
评审有效性的取值为 0,即代码评审无效的情况。

　　与图 5.26(a)相对应的图 5.26(b),表示在基线情况下、最优情况下以及最差情
况下缺陷产生的总数量。通过代码评审有效性的单值灵敏度分析检测,基线情况处
于最优情况和最差情况之间,故基线情况评审有效性通过单值灵敏度分析检测,且
基线情况与最差情况更为接近,项目管理者在预测时,可以根据单值灵敏度分析检
测的结果进行预测。

　　接下来,再以激励措施有效性为例,进行单值灵敏度分析检测,最差情况

是采用激励措施后开发者的动机强度不升反降至 0，即激励措施有效性的变量取值为-1，最优的情况是采用激励措施后开发者的动机强度提高为原来的两倍甚至更好，即激励措施有效性的变量取值为+∞，故激励措施有效性的取值范围是[-1,+∞)，当然，在具体的软件项目中，项目管理者应根据项目的实际情况对激励措施有效性的取值范围进行调整。经过灵敏度分析检测，得到的检测结果如图 5.27 所示。

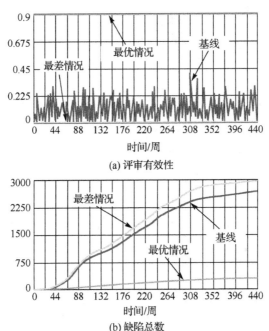

(a) 评审有效性

(b) 缺陷总数

图 5.26 代码分析有效性单灵敏度分析检测结果

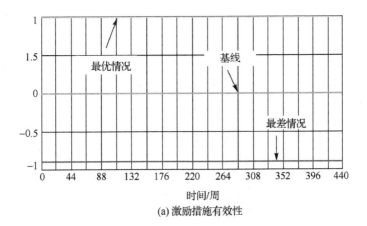

(a) 激励措施有效性

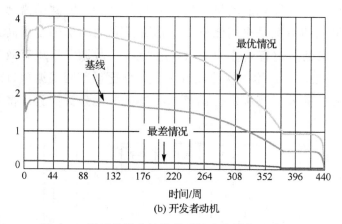

图 5.27　激励措施有效性单灵敏度分析检测结果

在图 5.27(a)中，基线仿真的是激励措施有效性在 5.5 节案例中基线的情况；最优情况代表的是取值为 1 的激励措施有效性，即采用激励措施后开发者的动机强度提高为原来的两倍甚至更好；最差情况代表的是激励措施有效性的取值为−1，即采用激励措施后开发人员的动机强度不升反降。与之相对应的图 5.27(b)，表示在基线情况、最优情况以及最差情况下开发者动机强度的变化范围。通过激励措施有效性的单值灵敏度分析检测，基线情况处于最优情况和最差情况之间，故基线情况的激励措施有效性通过单值灵敏度分析检测，且基线情况处于最优情况与最差情况的中间，项目管理者在预测时，可以根据单值灵敏度分析检测的结果进行预测。

代码评审有效性以及激励措施有效性对行为灵敏度的影响分析详见 5.5.3 节。

5.4.9　系统改进检测

系统动力学建模的目的就是帮助改善系统，本章建模的目的之一就是使用开源软件需求变更管理系统动力学模型辅助开源软件需求变更管理过程得到改进。在 5.5 节中，以 Spring Framework 为案例，使用开源软件需求变量管理系统动力学模型对其需求变更管理过程进行改进仿真，从而通过仿真结果对比，达到了帮助改进 Spring Framework 需求变更管理过程的建模目的。系统改进检测可详见 5.5.3 节。

5.5　软件需求变更过程仿真案例研究

在对模型进行检测之后，下面将以 Spring Framework 项目为研究案例，使用之前提出的开源软件需求变更管理系统动力学模型进行仿真与过程改进研究。首先，

在 5.5.1 节收集 Spring Framework 版本分支 3.2.x 中的真实数据作为模型仿真的基线
数据。然后，在 5.5.2 节使用模型中对 Spring Framework 版本分支 3.2.x 的需求变更
管理过程进行仿真。接下来，根据所得仿真结果进行分析，并提出当前 Spring
Framework 版本分支 3.2.x 中需求变更管理过程中的优点与不足。最后，在 5.5.3 节
进行需求变更管理过程改进的仿真，并根据改进仿真结果，给出过程改进建议。

5.5.1　开源软件基线数据收集和清理

在进行模型仿真前，需要对 Spring Framework 项目中的相关数据进行收集和清
理，相关过程如图 5.28 所示。

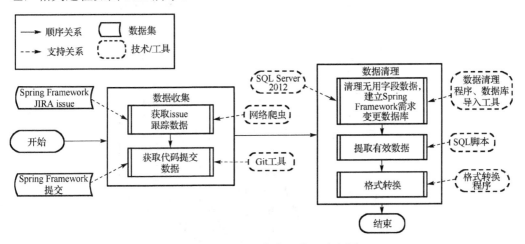

图 5.28　基线数据收集和清理流程图

首先，收集 Spring Framework JIRA 系统中所有 issue 数据。然后，使用 Git 工
具以及 Git 克隆命令通过 url 方式将 Spring Framework 的提交数据拉取到本地，数据
收集工作完成。

在上一步工作中，收集的 issue 数据是 excel 格式文件，在删除不需要的字段后，
通过数据库导入工具将 issue 数据导入数据库。而拉取到本地的提交数据是文本格
式文件，使用 java 文本处理程序将数据导入数据库中。在数据都导入到数据库后，
通过执行 SQL 脚本可以查询导出仿真所需数据的 csv 文件，并执行数据预处理程序，
将数据转换成 Vensim 可以识别的数据格式，至此数据清理工作完成。

5.5.2　开源软件基线仿真结果分析

将收集清理的数据在模型中进行仿真后，得到如图 5.29～图 5.33 所示的基线仿
真结果。下面根据基线结果进行 Spring Framework 版本分支 3.2.x 需求变更管理过
程分析，指出该项目需求变更管理过程中的优缺点。

图 5.29（a）是需求变更管理子系统的仿真结果，表示需求变更每周创建的数量；图 5.29（b）是进度控制子系统的仿真结果，表示每周实际有效的需求变更生产力。

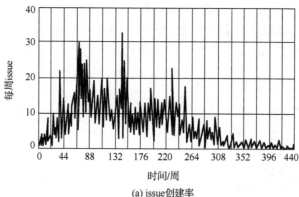

(a) issue创建率

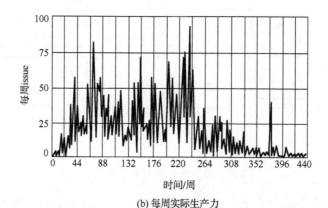

(b) 每周实际生产力

图 5.29　基线运行结果对比图一

从需求变更对开发者生产力影响方面，根据对图 5.29 所示的基线数据仿真结果分析，在 Spring Framework 版本分支 3.2.x 需求变更管理过程中，项目组开发人员能够根据变更请求的情况做出积极的响应并快速变化。在该分支的前期，随着需求变更请求数量的快速增加，开发人员处理软件需求变更方面工作所花费的时间也开始增加；但在该分支的中后期，由于 Spring Framework 4.x 版本的发布，以及需求变更请求的逐渐减少，开发人员处理软件需求变更方面工作所花费的时间逐渐减少，直至项目分支被关闭。未得到解决的需求变更请求被迁移至其他版本分支中实现。

图 5.30（a）是需求变更管理子系统的仿真结果，表示待完成的 issue 数；图 5.30（b）和（c）是进度控制子系统的仿真结果，分别表示每周实际有效的需求变更生产力以及

该分支处理需求变更仍需要的持续时间；图 5.30(d)来自质量保证子系统，表示软件的缺陷率的变化。

从需求变更对软件进度的影响方面，根据对图 5.30(a)～(c)的分析，在该需求变更管理过程中，随着时间的变化，处理软件需求变更所需的持续时间先降低后逐渐增加。处理软件需求变更所需的持续时间是由待完成的需求变更请求数量除以实际人员的平均生产力计算得到的，在分支前期，需求变更请求数量较少且开发人员的生产力快速上升，使得处理软件需求变更所需的持续时间降低，但在分支中期至后期，需求变更请求数量急剧增加且开发人员的生产力变化波动大，开发人员平均生产力上升速度缓慢，使得处理软件需求变更所需的持续时间不断增加，这就造成分支的进度压力不断上升，从而使得开发人员动机强度逐渐下降，并且进一步导致软件的代码质量缓慢下降，如图 5.30(d)所示。

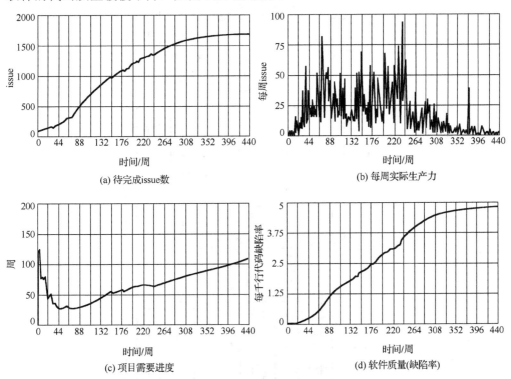

图 5.30　基线运行结果对比图二

图 5.31(a)是需求变更管理子系统的仿真结果，表示已完成的需求变更请求 issue 数；图 5.31(b)来自需求变更实现子系统，表示需求变更代码量占总代码行数的百分比；图 5.31(c)表示来自质量保证子系统，表示软件的缺陷率的变化。

从需求变更对软件规模的影响方面，根据对图 5.31(a)和(b)的分析，在该需求变更管理过程中，随着完成的需求变更数量增加，软件的总代码行数不断上升，软件需求变更使得软件的规模扩张，增加了代码维护管理的难度；与此同时，需求变更所造成的代码变更百分比也随需求变更数量不断上升，代码的频繁变更和大范围变更会造成软件的代码质量缓慢下降(图 5.31(c))，造成缺陷数量增加等负面影响。

图 5.32(a)是需求变更管理子系统的仿真结果，表示已完成的需求变更请求 issue 数；图 5.32(b)来自人力资源子系统，表示开发人员的动机强度的变化。

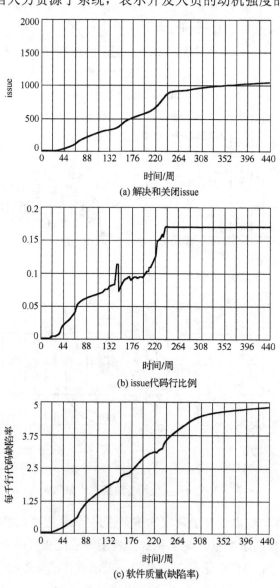

(a) 解决和关闭issue

(b) issue代码行比例

(c) 软件质量(缺陷率)

图 5.31 基线运行结果对比图三

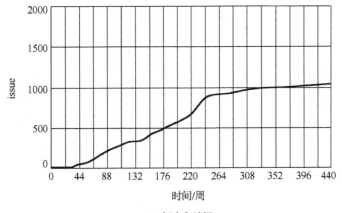

(a) 解决和关闭issue

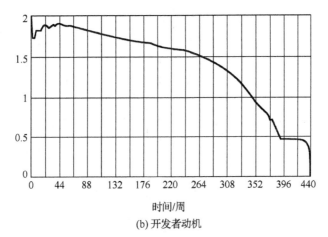

(b) 开发者动机

图 5.32　基线运行结果对比图四

　　在需求变更对开发者动机强度的影响方面，根据对图 5.32(b) 的分析，在该需求变更管理过程中，随着完成的需求变更数量的增加，开发者动机强度逐渐下降。

　　图 5.33(a) 是需求变更管理子系统的仿真结果，表示已完成的需求变更请求 issue 数；图 5.33(b) 来自质量保证子系统，表示软件的缺陷率的变化。

　　在需求变更对软件质量的影响方面，根据对图 5.33(a) 和 (b) 的分析，在该需求变更管理过程中，软件需求变更对软件的质量造成负面影响。随着完成的需求变更数量的增加，软件的缺陷率逐渐上升，软件项目质量的逐渐缓慢下降。

　　综上，根据基线仿真结果分析，Spring Framework 版本分支 3.2.x 需求变更管理方面有许多优势，但仍有不足之处以及可以进一步优化的活动。

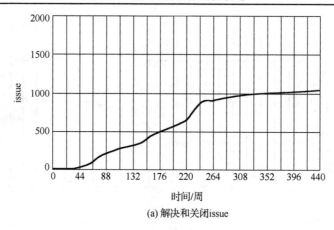

(a) 解决和关闭issue

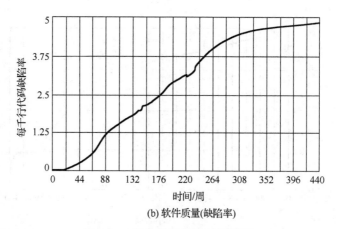

(b) 软件质量(缺陷率)

图 5.33　基线运行结果对比图五

5.5.3　软件过程改进仿真

软件过程改进就是采取措施来加强过程中被识别出来的薄弱环节，这些薄弱环节可能会给软件质量、成本或进度带来风险或缺陷(Dorling, 1993)。根据前述所得基线分析结果，本节进行 Spring Framework 版本分支 3.2.x 需求变更管理过程改进仿真模拟与对比。

针对 Spring Framework 版本分支 3.2.x 需求变更管理过程中存在的缺陷率较高、开发人员动机强度低等缺点，模型通过对增加软件代码评审环节以及增加开发人员动机强度管理的需求变更管理过程改进的仿真，同基线仿真结果做比较，说明采取软件代码评审环节能够从一定程度上降低软件的缺陷率，增加开发人员动机强度管理可以增强开发人员的动机强度。

在项目的需求变更管理过程中，Spring Framework 软件的缺陷率在版本分支
3.2.x 的生命周期中不断上升，这是由不断增加的代码行以及不断实现的需求变更请
求造成的。要有效地对软件的质量进行控制，就必须降低缺陷产生的数量以及进行
合理的进度压力控制。从降低缺陷产生的数量方面来说，根据模型的因果关系图，
要降低缺陷的产生数量可以增加代码评审环节，或增强开发人员的动机强度，或两
者同时进行。

1)增加代码评审活动

在基线数据中，代码的评审有效性设置为 0，即没有代码评审环节。接下来，
为降低缺陷数量，模拟增加代码评审环节，将代码的评审有效性设置成最小值为 0、
最大值为 1、方差为 0.05、标准差为 0.1、种子数为 0 的随机正态分布函数，如
表 5.6 所示，表示模拟增加代码评审环节后，能够随机减少基线数据中缺陷的数量。

表 5.6　评审有效性改进参数设置表

仿真名称	方程	方程释义
基线	0	表示基线结果没有采取代码评审环节
代码评审改进	RANDOM NORMAL (0, 1, 0.05, 0.1, 0)	表示采取了代码评审环节，评审有效性呈随机正态分布

对上述变量进行调整后，进行改进仿真，得到如图 5.34 的质量改进结果，可以
看到，增加代码评审环节可以有效降低基线数据的软件缺陷率，提高软件质量。

图 5.34(a)是采取代码评审的有效性基线数据同改进数据的对比图,图中基线表
示未采取代码评审环节，即评审有效性变量函数为 0。代码评审改进表示采取代码
评审有效性的变化趋势。图 5.34(b)是软件缺陷率基线数据同改进数据的对比图，
图中基线表示未采取代码评审的变化情况；代码评审改进表示采取代码评审措施后
开发人员动机强度的变化情况。图 5.34(c)是软件项目所需的持续时间对比图，代码
评审改进表示进行代码评审后软件项目所需的持续时间。经过各子图基线数据同改
进仿真数据对比，可以得出，增加代码评审环节可以有效降低基线数据的软件缺陷
率，提高软件质量，并降低软件项目所需的持续时间。

2)激励开发人员的动机强度

在基线数据中，激励开发人员的动机强度措施有效性设置为 0，即没有主动采
取激励开发人员的有效措施。接下来，为降低缺陷数量，模拟采取激励开发人员措
施，将人员的动机强度设置成最小值为 0、最大值为 1、方差为 0.05、标准差为 0.1、
种子数为 0 的随机正态分布函数，即表示采取激励开发人员的有效措施后，能够随
机增加基线数据中开发人员的动机强度，如表 5.7 所示。

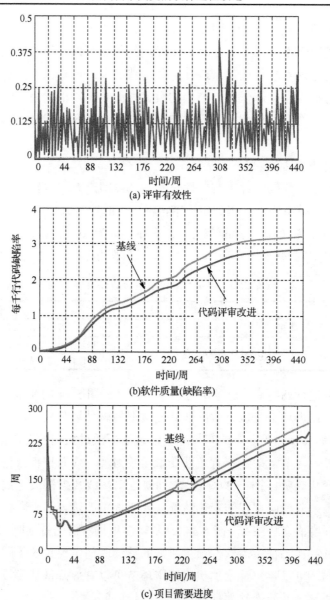

(a) 评审有效性

(b)软件质量(缺陷率)

(c) 项目需要进度

图 5.34 代码评审改进仿真结果

表 5.7 激励开发人员动机强度改进参数设置表

仿真名称	方程	方程释义
基线	0	表示基线数据没有采取激励措施
激励措施改进	RANDOM NORMAL (0, 1, 0.05, 0.1, 0)	表示采取了激励措施，人员的动机强度呈随机正态分布

对上述变量进行调整后,再次进行改进仿真,得到如图 5.35 的人员动机强度改进结果。

图 5.35(a)是采取激励措施的有效性基线数据同改进数据的对比图,图中基线表示未采取激励措施时人员的动机强度,激励措施改进变量函数赋值为 0;激励措施改进表示采取激励措施以提高开发人员的动机强度。图 5.35(b)是开发人员动机强度基线数据同改进数据的对比图,图中基线表示未采取激励措施的开发人员动机强度的变化情况;激励措施改进表示采取激励措施后开发人员动机强度的变化情况。图 5.35(c)是软件缺陷率的基线数据同改进数据的对比图,图中激励措施改进表示采取激励措施后软件的缺陷率变化情况。图 5.35(d)是软件项目所需的持续时间对比图,图中激励措施改进表示采用激励措施后软件项目所需的持续时间。经过各子图基线数据同改进仿真数据对比,可以得出,采取激励开发人员的措施可以有效降低软件缺陷率,提高软件质量,并降低软件项目所需的持续时间。

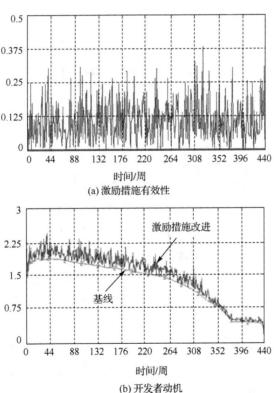

(a) 激励措施有效性

(b) 开发者动机

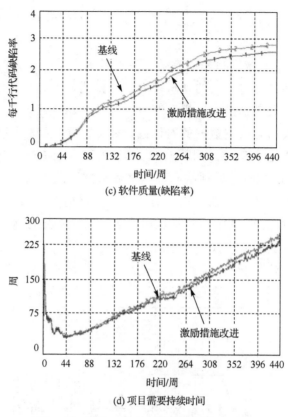

(c) 软件质量(缺陷率)

(d) 项目需要持续时间

图 5.35　激励开发人员措施改进仿真结果

3) 增加需求变更请求筛选和分类

在软件需求变更管理过程中，无效、重复的变更请求会给软件的成本、时间造成损失，例如，无效、重复的变更可能会造成开发人员动机强度和软件质量下降、处理需求变更所需时间延长等。为了降低无效、重复的变更给软件带来的损失，在 Spring Framework 项目需求变更管理过程中，对需求变更请求已进行筛选及分类，可以有效识别出无效及重复的变更请求。为说明在软件需求变更管理过程中，需求变更请求筛选和分类的必要性，下面去除变更请求分类活动后重新对需求变更管理子系统进行建模，得到如图 5.36 所示的模型。

与图 5.12 的需求变更管理子系统相比，图 5.36 的区别在于，没有进行需求变更请求筛选及分类。图 5.36 中的模型因为缺少需求变更请求筛选和分类活动，所以只要是需求变更请求就全部接受并直接进行变更实现，即无效、重复的需求变更请求都被直接执行，从而造成了在进行无效、重复的需求变更过程中所投入劳力、时间被浪费等严重后果。

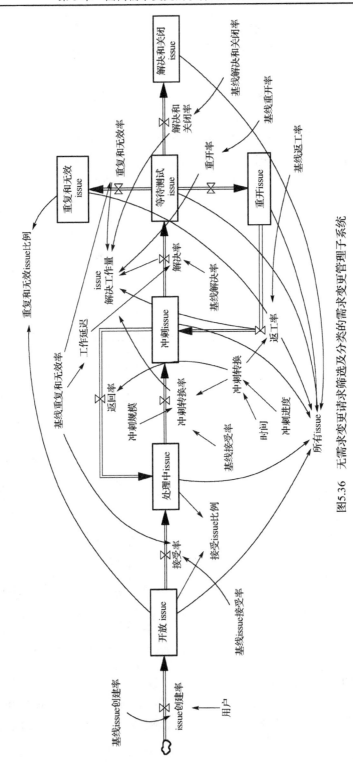

图5.36　无需求变更请求筛选及分类的需求变更管理子系统

为了进一步说明对需求变更请求进行筛选以及分类的必要性，对图 5.12 和图 5.36 中的两个需求变更管理过程的子系统进行仿真，得到如图 5.37 所示的结果。在图 5.37 中，未分类表示的是由图 5.36 模型所得仿真结果，即没有采取需求变更请求筛选和分类的仿真结果。基线表示的是由图 5.12 模型所得仿真结果，即采取需求变更请求筛选和分类的仿真结果。

通过对比分析图 5.37，可以得出不进行需求变更请求筛选以及分类活动的需求变更管理过程使得开发人员的生产效率低下，劳动力浪费严重，如图 5.37(a)所示；另外，实现无效、重复的需求变更请求所做的无用功也使得开发者的动机强度降低，如图 5.37(b)所示，进而造成缺陷报告数量的增加，最后导致软件质量的下降(图 5.37(c))，项目所需的持续时间增加一倍(图 5.37(d))等诸多负面影响。

综上，根据仿真结果对比，在相同条件下，增加需求变更请求筛选和分类可以有效降低无效、重复的变更给软件开发与维护造成的损失。

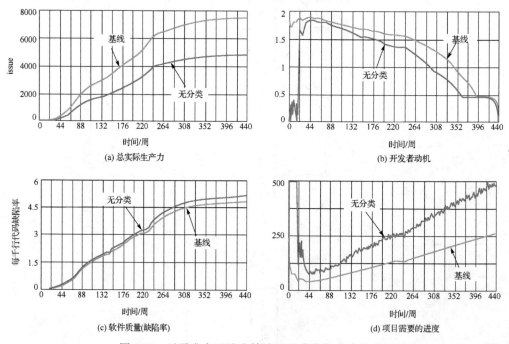

图 5.37　无需求变更请求筛选以及分类的仿真结果图

4)改进仿真结果对比分析

下面通过对比三种改进措施的仿真结果，并综合考虑 Spring Framework 采取三种措施所需的成本以及措施对项目进度的影响情况，给出过程改进建议。其中，在提高相同软件质量(即减少相同缺陷率)情况下，采取三种措施所需的人力、时间成本如表 5.8 所示。

表 5.8　改进措施花费对比表

改进措施	人力成本	时间成本
增加代码评审环节	高	高
激励开发人员的动机强度	一般	一般
增加需求变更请求筛选和分类	少	少

根据表 5.8 可知，通常情况下，开源软件采取三种改进措施分别需要花费不同的人力成本及时间成本。增加代码评审环节，当需求变更数量多时，需逐行对代码进行审阅，且需要多人来进行代码评审的情况，使得增加代码评审环节需要花费比较多的人力成本和时间成本。激励开发人员的动机强度，通常会采取培训、开讨论会等方式，故与其他两种改进措施相比，需要花费的人力和时间成本处于中间水平。增加需求变更请求筛选和分类，由于当前大中型开源软件大多使用 issue 跟踪系统进行需求变更管理，工具本身可以提供变更请求筛选和分类的技术，故此项措施需要花费的人力成本和时间相对较少，被大多数的开源软件系统所采用。

根据以上仿真结果和表 5.8 的成本对比分析，当人力成本和时间成本相对紧缺，但项目剩余的时间相对宽裕时，应优先考虑节约成本。故在此情况下，应优先考虑增加需求变更请求筛选和分类的措施，然后考虑采用激励措施提高开发人员的动机强度，最后考虑增加代码评审环节。但需要注意的是，采用激励措施提高开发人员的动机强度时，应充分考虑措施可能无效甚至起反作用，使得开发人员的动机强度降低。采用三种措施后，对项目的进度影响，即对项目所需的持续时间的影响，如图 5.38 所示。

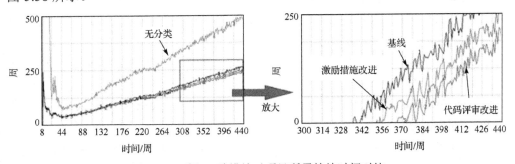

图 5.38　采取三种措施对项目所需持续时间对比

在图 5.38 中，无分类表示没有采取需求变更请求筛选和分类的项目所需持续时间；基线表示采取需求变更请求筛选和分类的项目所需持续时间；代码评审改进表示的是采取代码评审项目所需的持续时间；激励措施改进表示激励开发人员增加动机强度项目所需的持续时间。

　　根据以上仿真结果的对比分析，当人力成本和时间成本相对宽裕，但项目剩余的时间相对较少，进度压力较大时，应优先考虑缩短项目所需的持续时间。故在此情况下，由于增加需求变更请求筛选和分类的措施在案例中已实施，应优先考虑增加代码评审环节，然后考虑采取激励措施提高开发人员的动机强度。

5.6　小　　结

　　本章首先使用系统动力学方法，在 Vensim 软件中，对开源软件需求变更管理过程进行建模，并对模型进行检测以发现模型中的错误并改正。然后，以 Spring Framework 项目为研究案例，使用版本分支 3.2.x 的数据作为初始仿真模型的基线数据，进行该分支的软件需求变更管理过程仿真。接下来，根据仿真结果，对该分支的需求变更管理过程进行比较分析，提出了该需求变更管理过程的优势与不足。最后，模拟增加代码评审活动、激励开发人员的动机强度以及增加需求变更请求筛选和分类的需求变更管理过程改进措施，仿真结果说明了以上三种过程改进措施均可有效降低基线数据的软件缺陷率，提高软件质量并且使软件项目周期变短。

参 考 文 献

何满辉, 杨皎平. 2007. 基于系统动力学的软件项目进度管理. 科技和产业, 7: 11-13.

贾静. 2014. 基于系统动力学的软件项目需求变更影响研究. 天津: 南开大学.

王其藩. 2009. 系统动力学. 上海: 上海财经大学出版社.

吴明晖. 2007. 基于系统动力学方法的软件过程建模与仿真. 计算机时代, 1-4.

杨波, 于茜, 张伟, 等. 2017. GitHub 开源软件开发过程中影响因素的相关性分析. 软件学报, 28: 1327-1342.

翟丽, 宋学明, 辛燕飞. 2008. 系统动力学在软件项目管理中的应用: 对解决问题各备选方案的评价. 软科学, 22: 59-62.

Abdel-Hamid T, Madnick S E. 1991. Software Project Dynamics: An Integrated Approach. Englewood Cliffs: Prentice Hall.

Aberdour M. 2007. Achieving quality in open source software. IEEE Software, 24: 58-64.

Ali N B, Petersen K, Franca B B N. 2015. Evaluation of simulation-assisted value stream mapping for software product development: two industrial cases. Information and Software Technology, 68: 45-61.

Ali S M, Doolan M, Wernick P, et al. 2017. Developing an agent-based simulation model of software evolution. Information & Software Technology, 96(4):126-140.

Antoniades I P, Stamelos I, Angelis L, et al. 2002. A novel simulation model for the development process of open source software projects. Software Process Improvement & Practice, 7: 173-188.

Bourque P, Fairley R E. 2014. Guide to the Software Engineering Body of Knowledge (SWEBOK). Los Alamitos: IEEE Computer Society Press.

Cao L, Ramesh B, Abdel H T. 2010. Modeling dynamics in agile software development. ACM Transactions on Management Information Systems, 1(1): 5.

Curtis B, Krasner H, Iscoe N. 1988. A field study of the software design process for large system. Communication of the ACM, 31: 1268-1287.

Dorling A. 1993. SPICE: software process improvement and capability determination. Software Quality Journal, 2: 209-224.

Dutta A, Roy R. 2008. Dynamics of organizational information security. System Dynamics Review, 24: 349-375.

Fatema I, Muheymin K. 2017. Analyse agile software development teamwork productivity using qualitative system dynamics approach//The 12th International Conference on Software Engineering Advances, Athens.

Ferreira S, Collofello J, Dan S, et al. 2009. Understanding the effects of requirements volatility in software engineering by using analytical modeling and software process simulation. Journal of Systems & Software, 82: 1568-1577.

Franco E F, Hirama K, Carvalho M M. 2017. Applying system dynamics approach in software and information system projects: a mapping study. Information & Software Technology, 93(1):58-73.

Godlewski E, Cooper K. 2012. System dynamics transforms fluor project and change management. Interfaces, 42: 17-32.

Heck P, Zaidman A. 2013. An analysis of requirements evolution in open source projects: recommendations for issue trackings//International Workshop on Principles of Software Evolution, Netherlands.

Kellner M I, Madachy R J, Raffo D M. 1999. Software process simulation modeling: why? what? how?. Journal of Systems & Software, 46: 91-105.

Lin C Y, Abdel-Hamid T, Sherif J S. 1997. Software-engineering process simulation model (SEPS). Journal of Systems & Software, 38: 263-277.

Madachy R J. 2007. Software Process Dynamics. New York: Wiley.

Nurmuliani N, Zowghi D, Williams S P. 2006. Requirements volatility and its impact on change effort: evidence-based research in software development projects//Australian Workshop on Requirements Engineering, Adelaide.

O'Regan G. 2010. Introduction to Software Process Improvement. London: Springer.

Pfahl D, Stupperich M, Krivobokova T. 2004. PL-SIM: a generic simulation model for studying strategic SPI in the automotive industry//International Workshop on Software Process Simulation and Modeling, Edinburgh.

Pohl K. 2012. 需求工程: 基础、原理和技术. 彭鑫，沈立炜，赵文耘等译. 北京: 机械工业出版社.

Pohl K, Rupp C. 2011. Requirements Engineering Fundamentals: A Study Guide for the Certified Professional for Requirements Engineering Exam - Foundation Level - IREB Compliant. San Rafael: Rocky Nook.

Roberts E B. 1964. The Dynamics of Research and Development. New York: Harper & Row.

Ruiz M, Ramos I, Toro M. 2004. Using dynamic modeling and simulation to improve the COTS software process//International Conference on Product Focused Software Process Improvement, New York.

Rus I, Collofello J, Lakey P. 1999. Software process simulation for reliability management. Journal of Systems & Software, 46: 173-182.

Stallinger F, Grünbacher P. 2001. System dynamics modelling and simulation of collaborative requirements engineering. Journal of Systems & Software, 59: 311-321.

Sterman J D. 2000. Business Dynamics: Systems Thinking and Modeling for A Complex World. Toronto: McGraw-Hill.

Thakurta R, Suresh P. 2012. Impact of HRM policies on quality assurance under requirement volatility. International Journal of Quality & Reliability Management, 29: 194-216.

Wiegers K E. 2003. Software Requirements. Redmond: Microsoft Press.

Williams B J, Carver J, Vaughn R B. 2008. Change risk assessment: understanding risks involved in changing software requirements//International Conference on Software Engineering Research and Practice, Las Vegas.

Wu M, Yan H. 2009. Simulation in software engineering with system dynamics: a case study. Journal of Software, 4: 1127-1135.

Zowghi D, Nurmuliani N. 2002. A study of the impact of requirements volatility on software project performance//The 9th Asia-Pacific Software Engineering Conference, Queensland.